高职高专特色课程项目化教材

电气控制技术

主编　王秀丽

东北大学出版社
·沈　阳·

© 王秀丽 2020

图书在版编目（CIP）数据

电气控制技术／王秀丽主编. — 沈阳：东北大学
出版社，2020.8（2023.2重印）
ISBN 978-7-5517-2466-1

Ⅰ. ①电… Ⅱ. ①王… Ⅲ. ①电气控制—高等职业教
育—教材 Ⅳ. ①TM921.5

中国版本图书馆CIP数据核字（2020）第138854号

内容提要

本书是按照高等职业教育培养高素质技能型专门人才的目标要求，依据国家职业标准和职业技能鉴定规范，参照高职高专电类专业相关课程的课程标准编写的。

本书基于项目导向、任务驱动的理念，在结构上，以电机控制为主线，以具体的工作任务为载体，以相关的实践知识为重点；在内容选择上，以企业岗位工作任务为依据，突出基本技能和综合职业能力培养。

本书结构合理、通俗易懂，既可作为高职高专院校电类专业的教材，也可作为电气工程技术人员的参考书。

出 版 者：东北大学出版社
　　　　　地址：沈阳市和平区文化路三号巷11号
　　　　　邮编：110819
　　　　　电话：024-83687331（市场部）　83680267（社务部）
　　　　　传真：024-83680180（市场部）　83680265（社务部）
　　　　　网址：http://www.neupress.com
　　　　　E-mail：neuph@neupress.com
印 刷 者：沈阳市第二市政建设工程公司印刷厂
发 行 者：东北大学出版社
幅面尺寸：185 mm×260 mm
印　　张：9
字　　数：186千字
出版时间：2020年8月第1版
印刷时间：2023年2月第2次印刷
策划编辑：牛连功
责任编辑：吕　翀
责任校对：周　朦
封面设计：潘正一

ISBN　978-7-5517-2466-1　　　　　　　　　　　　定　价：25.00元

前　言

　　本书根据高职高专的培养目标，从工程应用角度出发，引入企业典型工作案例，按照"贴近岗位，突出技能，知识够用为度"的原则，在总结多年项目化教学工作的基础上编写而成。

　　本书的特色体现在以下三方面：一是分层教学，针对不同的教学对象实施难易程度不同的教学计划，使教学过程多元智能化，以学生为中心，更多地从关注学生兴趣、开发学生潜能、促进学生全面发展考虑，引导学生健康成长；二是项目化教学，以工作任务为导向，以项目为载体，依据课程标准，结合实训环境，基于课程改革经验编写教材；三是"双元"合作开发教材，聘请企业工程技术人员与专业教师共同设计和编写符合岗位需求的学习内容，实现"双元"合作开发教材。

　　本书以电气岗位为背景，设计了学习情境及其工作任务，每个任务由"必备知识""技术手册""实施与评价"等构成，基本涵盖了电气岗位从事电机控制的典型工作。

　　本书由王秀丽主编，张皓、梁伟、部晓旺参编，具体分工为：王秀丽编写了项目一、项目三；东方国际集装箱（锦州）有限公司电气工程师部晓旺编写了项目二中的任务一；梁伟编写了项目二中的任务二、任务三、任务四；张皓编写了项目二中的任务五、任务六。本书由李瑞福担任主审。在本书编写过程中，编者参考了一些书刊，并引用了部分资料，同时得到了中国石油锦州石化分公司陆德伟、东方国际集装箱（锦州）有限公司部晓旺、盘锦宝来化工有限公司邱立群等企业工程技术人员的大力支持，在此表示衷心的感谢。

　　由于编者水平有限，本书中难免存在错误和不足，敬请读者批评指正。

编　者

2020 年 2 月

目　录

┃ 第一部分 ┃
基 础 篇

▌第二部分▐

提 高 篇

第一部分

基础篇

项目一　常用低压电器

【项目描述】

电器是所有电气设备的简称。凡是根据外界特定的信号和要求，自动或手动地接通或断开电路，连续或断续地改变电路参数，实现对电或非电对象的切换、控制、保护、检测和调节作用的电气设备统称为电器。按照我国现行标准的规定，低压电器通常指工作在交流(AC)额定电压1200 V及以下或直流(DC)额定电压1500 V及以下的电器。低压电器的用途广泛，功能各异，分类方法多样。

1.按照用途分类

①控制电器。用于各种控制电路和控制系统的电器，如接触器、继电器等。

②配电电器。用于输送和分配电能的电器，如刀开关、转换开关等。

③保护电器。用于保护电路及用电设备的电器，如熔断器、热继电器等。

④主令电器。用于发送动作指令的电器，如按钮、行程开关等。

2.按照动作方式分类

①自动电器。依靠电器本身的参数或外来信号(如电流、电压、温度、压力、速度、热量等)的变化而自动完成动作任务的电器，如接触器、热继电器等。

②手动电器。依靠人工直接操作发出动作指令的电器，如按钮、刀开关等。

3.按照动作原理分类

①有触点电器。具有可见的动触点和静触点，利用触点的接触或分离来实现电路通断的电器，如接触器、刀开关等。

②无触点电器。没有可见触点，利用晶体管的开关效应，即导通或截止来实现电路通断的电器，如接近开关、电子式时间继电器、晶闸管等。

本项目主要认识熔断器、低压开关、低压断路器、接触器、继电器、主令电器等几种常用的低压电器。

【学习目标】

①能了解常用低压电器的作用、结构及工作原理,能绘制这些常用低压电器的图形符号、文字符号,能掌握其型号含义。

②能正确选择、测量和使用常用低压电器。

任务一　认识熔断器

【必备知识】

熔断器的主要作用是对电气线路和电气设备进行短路保护和严重过载保护。

1.结构及工作原理

（1）熔断器的结构

熔断器主要由熔体和熔管两部分组成。

①熔体。熔体是熔断器的核心部件,常做成丝状或变截面片状,其材料有两大类:一类为低熔点材料,如铅、铅锡合金、锌等,这类熔体不易灭弧,一般用在小电流电路中;另一类为高熔点材料,如银、铜等,这类熔体容易灭弧,一般用在大电流电路中。

②熔管。熔管的主要作用是支持、固定、保护熔体,一般采用高强度陶瓷或玻璃纤维等制成。

（2）熔断器的工作原理

熔断器的熔体串联在被保护电路中。当电路正常工作时,熔体允许通过一定大小的负荷电流而不熔断;当电路发生短路或严重过载故障时,熔体中流过很大的故障电流,当该电流产生的热量使熔体温度上升到熔点时,熔体熔断,切断电路,从而达到保护线路或设备的目的。

2.符号及型号

①熔断器的图形符号及文字符号如图 1-1 所示。

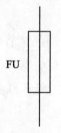

图 1-1　熔断器的图形、文字符号

②熔断器的型号含义。

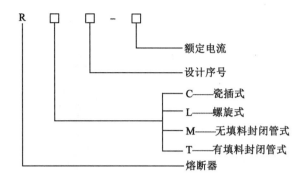

- 额定电流
- 设计序号
- C——瓷插式
- L——螺旋式
- M——无填料封闭管式
- T——有填料封闭管式
- 熔断器

3.常用熔断器简介

（1）瓷插式熔断器

常用的瓷插式熔断器有 RC1A 等系列，如图 1-2 所示。

瓷插式熔断器价格低廉、熔体更换方便，但它没有灭弧装置，电流分断能力弱，只适用于工矿企业和民用照明电路的短路保护，在有易燃、易爆气体的场合禁止使用。

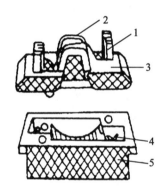

图 1-2　RC1A 系列瓷插式熔断器

1—动触头；2—熔体；3—瓷插件；4—静触头；5—瓷座

（2）螺旋式熔断器

常用的螺旋式熔断器有 RL6，RL7，RLS2 等系列，如图 1-3 所示。

螺旋式熔断器的熔管内装有用于灭弧的石英砂，分断能力强。熔管的一端装有熔断指示器，当熔体熔断时指示器弹出，通过瓷帽上的圆玻璃孔可直接观察到。螺旋式熔断器限流性能好，有明显的熔断指示且更换方便，被广泛地应用于控制箱、配电屏、机床配电电路中。

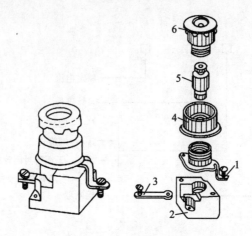

图1-3 螺旋式熔断器

1—上接线端；2—瓷座；3—下接线端；4—瓷套；5—熔断器；6—瓷帽

(3)无填料封闭管式熔断器

常用的无填料封闭管式熔断器有 RM10 等系列，如图1-4 所示。

无填料封闭管式熔断器分断能力较弱，限流能力较差，但熔体更换方便，适用于容量不大的低压电网中。

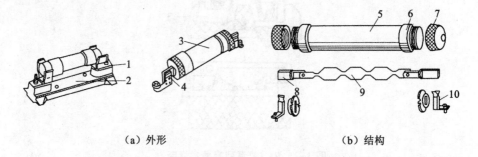

（a）外形　　　　　　　　　　　（b）结构

图1-4 RM10 系列无填料封闭管式熔断器

1，4，10—夹座；2—底座；3，5—熔管；6—铜套管；7—铜帽；8—插刀；9—熔体

(4)有填料封闭管式熔断器

常用的有填料封闭管式熔断器有 RT0，RT12，RT14，RT15 等系列，如图1-5 所示。

有填料封闭管式熔断器的熔管内装有用于灭弧的石英砂，分断能力强，适用于容量较大的低压电网中。

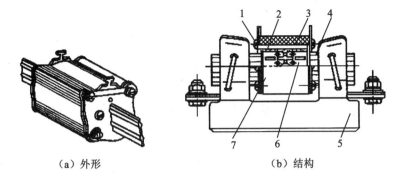

（a）外形　　　　　　　　　　（b）结构

图 1-5　RT0 系列有填料封闭管式熔断器

1—熔断指示器；2—石英砂；3—指示器拉丝；4—插刀；5—底座；6—熔体；7—熔管

（5）快速熔断器

常用的快速熔断器有 RS0，RS3 等系列。

快速熔断器动作速度快，主要用于保护对过载及短路故障的动作时间要求较短的硅整流元件。

（6）自复式熔断器

常用的自复式熔断器有 RZ1 等系列。

自复式熔断器利用金属钠作为熔体。常温下呈固态的金属钠电阻率小，允许通过正常的工作电流。当电路发生故障时，较大的故障电流使固态钠迅速气化，气态钠的电阻率大，从而限制了故障电流。当故障被消除后，随着温度降低，气态钠重新固化，又恢复其良好的导电性。

自复式熔断器的优点是熔体能重复使用，但由于只能限流而不能彻底切断故障电路，因此一般不单独使用，通常与低压断路器相串联，以提高其电流分断能力。

【技术手册】

1.熔断器的选择

熔断器的选择主要包括熔断器的类型、额定电流等的选择。

（1）熔断器的类型

应根据线路的要求、安装条件和各类熔断器的适用场合来选择熔断器的类型。

（2）熔体的额定电流

①对于照明线路等没有冲击电流的负载，以及降压启动的电动机负载，熔体的额定电流应按式（1-1）计算：

$$I_{FU} \geq I \qquad\qquad (1-1)$$

式中：I_{FU}——熔体的额定电流；

I——电路的工作电流。

②对于启动时间较短的电动机类负载,考虑到启动电流的影响,应按式(1-2)计算:

$$I_{FU} \geq (1.5 \sim 2.5) I_N \tag{1-2}$$

式中:I_N——电动机的额定电流。

③由一个熔断器保护多台电动机时熔体额定电流应按式(1-3)计算:

$$I_{FU} \geq (1.5 \sim 2.5) I_{Nmax} + \sum I_N \tag{1-3}$$

式中:I_{Nmax}——被保护电动机中最大的额定电流;

$\sum I_N$——除 I_{Nmax} 外其余被保护电动机额定电流之和。

(3)熔断器的额定电流

熔断器的额定电流必须等于(或大于)所装熔体的额定电流。

(4)熔断器的额定电压

熔断器的额定电压应等于(或大于)熔断器安装处的电路额定电压。

(5)熔断器的分断能力

熔断器的分断能力是指熔断器能分断的最大短路电流值。熔断器的分断能力必须大于电路中可能出现的最大短路电流。

(6)熔断器上、下级的配合

为满足保护选择性的要求,应使上一级熔断器熔体的额定电流比下一级大 1~2 个级差。

2.熔断器的使用

①安装前检查熔断器的型号、各种参数等是否符合规定要求;

②安装时熔断器与底座、触刀的接触要良好,以免因接触不良造成熔断器误动作;

③更换的熔断器应与原熔断器型号、规格一致;

④工业用熔断器的更换应由专职人员负责,更换时应先切断电源。

【实施与评价】

实训:熔断器的识别与维修

1.实训目的

①熟悉常用熔断器的外形和基本结构;

②掌握常用熔断器的故障处理方法。

2.实训所需器材

①工具。尖嘴钳、螺钉旋具。

②仪表。MF47 型万用表。

③器材。在 RC1A，RL1，RL2，RM10 等系列中，选取若干个不同规格的熔断器，具体规格可由指导教师根据实际情况给出。

3.实训内容

①熔断器识别。

②更换 RC1A 系列或 RL1 系列熔断器的熔体。

4.实训步骤及工艺要求

①在教师指导下，仔细观察各种不同类型、规格熔断器的外形和结构特点。

②检查所给熔断器的熔体是否完好，对 RC1A 型，可拔下瓷盖进行检查；对 RL1 型，应首先查看其熔断指示器。

③若熔体已熔断，应按照原规格选配熔体。

④更换熔体。对 RC1A 系列熔断器，安装熔丝时熔丝缠绕方向要正确，安装过程中不得损伤熔丝；对 RL1 系列熔断器，熔断管不能倒装。

⑤用万用表检查更换熔体后的熔断器各部分接触是否良好。

❖**议一议**：螺旋式熔断器熔体的特点。

❖**练一练**：①怎样选择各种规格的熔断器？②各种型号的熔断器有哪些适用场合？③更换各种规格熔断器的熔体时有哪些注意问题？

❖**评一评**：请对自己完成任务的情况进行评估，并填写表 1-1。

表 1-1　任务检测分析表

检测项目	评分标准	分值	学生自评	教师评分
熔断器识别	①写错或漏写名称，每只扣 5 分； ②写错或漏写型号，每只扣 5 分； ③漏写主要部件，每个扣 4 分	50		
更换熔体	①检查方法不正确，扣 10 分； ②不能正确选配熔体，扣 10 分； ③更换熔体方法不正确，扣 10 分； ④损伤熔体，扣 20 分； ⑤更换熔体后熔断器断路，扣 4 分	50		
安全文明生产	违反安全文明生产规程，扣 5~40 分			
定额时间(50 分钟)	按照每超过 5 分钟扣 5 分计算			
备注	除定额时间外，各项目的最高扣分不应超过所配分值			
开始时间		结束时间		实际时间

任务二　认识低压开关

【必备知识】

低压开关是低压电器中结构简单、应用广泛的手动电器，主要用来隔离、转换以及接通或分断电路。本任务内容主要介绍刀开关和组合开关。

1.刀开关

（1）结构及工作原理

①刀开关的结构。刀开关由操作手柄、动触刀、静插座、底座等组成。

②刀开关的工作原理。手动合闸或分闸使动触刀与静插座接通或断开，即可接通或分断电路。

（2）符号及型号

①刀开关的图形符号及文字符号如图1-6所示。

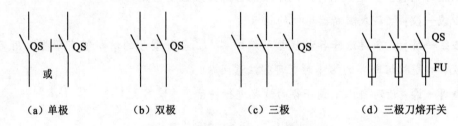

| （a）单极 | （b）双极 | （c）三极 | （d）三极刀熔开关 |

图1-6　刀开关的图形、文字符号

②刀开关的型号含义。

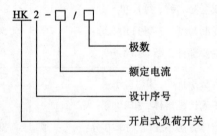

（3）常用刀开关简介

刀开关按照极数分为单级、双极和三极；按照操作方式分为直接手柄操作式、杠杆操作机构式和电动操作机构式；按照转换方向分为单投和双投等；按照灭弧结构分为带灭弧罩和不带灭弧罩。下面介绍几种常用的刀开关。

①开启式负荷开关。又称瓷底胶盖刀开关，常用的有HK2等系列。其结构如图1-7所示。

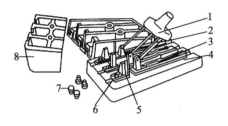

图 1-7 HK2 系列开启式负荷开关

1—瓷柄；2—动触刀；3—出线座；4—瓷底座；5—静触刀；6—进线座；7—胶盖紧固螺钉；8—胶盖

HK2 等系列开启式负荷开关结构简单、价格便宜、维修方便、应用广泛。这种刀开关装有熔丝，可起到短路及严重过载保护的作用，主要用于交流电 50 Hz、额定电压 380 V、额定电流 60 A 以下的电路中，用来不频繁地接通或分断电路。

②封闭式负荷开关。又称铁壳开关，常用的有 HH10，HH11 等系列。其结构如图1-8 所示。

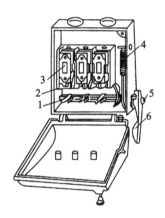

图 1-8 封闭式负荷开关

1—触刀；2—夹座；3—熔断器；4—速断弹簧；5—转轴；6—手柄

封闭式负荷开关的操作机构有两个特点：一是采用储能合闸方式，即利用弹簧储存的能量来完成合闸或分闸动作，使开关闭合或分断的速度与操作速度无关，而与弹簧储存能量的多少有关，它既有助于改善开关的动作性能和灭弧性能，又能防止触点停滞在中间位置；二是设有机械锁，保证了开关在合闸状态时不能打开铁壳箱盖，而在箱盖打开后不能合闸。

铁壳开关一般用于电气照明线路中，也可用于异步电动机的非频繁直接启动控制。

③熔断器式刀开关。又称刀熔开关，常用的有 HR3，HR5 等系列，其中 HR5 系列刀开关中的熔断器采用 NT 型低压高分断型，并且结构紧凑，分断能力高达 100 kA。

刀熔开关是刀开关与熔断器组合而成的开关电器，它利用 RT0 型熔断器熔管两端刀型触头作为触刀，具有刀开关和熔断器的双重功能，目前被广泛地用于低压动力配电屏及农村配电网络中。

2.组合开关

组合开关又称转换开关，是一种多触点、多位置式、可控制多个回路的电器。组合开关也是一种刀开关，它的刀片（动触片）是可转动的，比刀开关轻巧而且组合性强，能组合成各种不同的通电回路，一般用于电气设备中非频繁地通断电路、换接电源和负载、测量三相电压，以及控制小容量感应电动机。

（1）结构及工作原理

①组合开关的结构。组合开关由动触点（动触片）、静触点（静触片）、转轴、手柄、定位机构及外壳等部分组成，其动触点、静触点分别叠装于数层绝缘垫板之间。HZ10 系列组合开关结构示意图如图 1-9 所示。

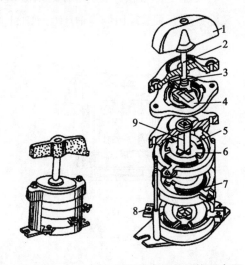

图 1-9　HZ10 系列组合开关结构示意图

1—手柄；2—转轴；3—弹簧；4—凸轮；5—绝缘垫板；6—动触片；7—静触片；8—接线柱；9—绝缘杆

②组合开关的工作原理。当转动手柄时，每层的动触点随方形转轴一起转动，从而实现对电路的接通、断开控制。

（2）符号及型号

①组合开关的图形符号及文字符号。组合开关在电路中的表示方法有两种：一种是触点状态图结合通断表；另一种与手动刀开关图形符号相似，但文字符号不同，如图 1-10 所示。

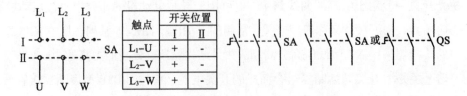

触点	开关位置	
	I	II
L₁-U	+	-
L₂-V	+	-
L₃-W	+	-

图 1-10　组合开关的图形、文字符号

②组合开关的型号含义。

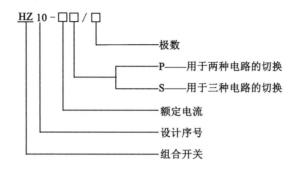

【技术手册】

1.刀开关的选用原则

①根据使用场合,选择刀开关的类型、极数及操作方式。

②刀开关的额定电压应大于或等于安装处的线路电压。

③刀开关的额定电流应大于或等于电路工作电流。对于电动机负载,开启式刀开关的额定电流可按照电动机额定电流的3倍选取;封闭式刀开关的额定电流可按照电动机额定电流的1.5倍选取。

2.刀开关的使用

开启式负荷开关在安装使用时,应注意以下几点:

①开启式负荷开关应垂直安装在控制屏或开关板上,处于分闸状态时手柄应向下,严禁倒装,以防分闸状态时手柄因自重落下误合闸而引发事故;

②接线时,应将电源线接在上端,负载线接在下端,这样在分断后刀开关的动刀片与电源隔离,便于更换熔丝;

③分、合闸动作应迅速,以使电弧尽快熄灭;

④分、合闸时不可直接面对开关,以免发生危险。

铁壳开关在安装使用时,应注意以下几点:

①既不允许随意放在地上操作,也不允许直面开关操作,以免发生危险;

②应按照规定把开关垂直安装在一定高度处,铁壳可靠接地;

③严禁在开关上方放置金属物体,以免发生短路事故。

3.组合开关的使用

使用组合开关时,将其安装在控制屏面板上,面板外只露出转换手柄,其他部分均在面板内,操作频率不能过高,一般每小时不宜超过5~20次,当用于电动机正、反转控制时,应在电动机完全停转后方可反向启动,否则容易烧坏开关或造成弧光短路事故。

【实施与评价】

具体参见"实训：熔断器的识别与维修"及实训指导书。

任务三　认识低压断路器

【必备知识】

低压断路器又称自动空气开关或自动空气断路器，它不仅能不频繁地接通或分断电路，还能对电路或电气设备发生的过载、短路、欠压或失压等进行保护。

低压断路器操作安全、使用方便、工作可靠、安装简单、分断能力强，被广泛地应用于低压配电线路中。

1.结构和工作原理

(1)低压断路器的结构

低压断路器主要由触点系统、操作机构和保护元件三部分组成，其结构如图 1—11 所示。

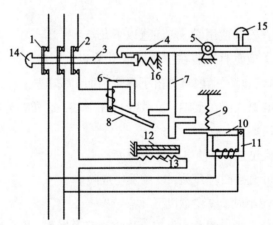

图 1—11　低压断路器原理图

1—动触头；2—静触头；3—锁扣；4—搭钩；5—转轴座；6—过流脱扣器；7—杠杆；8，10—衔铁；

9—拉力弹簧；11—欠压脱扣器；12—双金属片；13—热元件；14，15—按钮；16—压力弹簧

(2)低压断路器的工作原理

①接通电路时，按下接通按钮 14，若电路电压正常，欠压脱扣器 11 产生足够的吸力，克服拉力弹簧 9 的作用将衔铁 10 吸合，衔铁与杠杆脱离。这样，外力使锁扣 3 克服压力弹簧 16 的斥力，锁住搭钩 4，接通电路。

②分断电路时，按下分断按钮 15，搭钩 4 与锁扣 3 脱扣，锁扣 3 在压力弹簧 16 作用

下被推回，使动触头 1 与静触头 2 分断，断开电路。

③当电路发生短路或严重过载故障时，超过过流脱扣器整定值的故障电流会使脱扣器 6 产生足够大的吸力，将衔铁 8 吸合并撞击杠杆 7，使搭钩 4 绕转轴座 5 向上转动，与锁扣 3 脱开，锁扣在压力弹簧 16 作用下，将三副主触头分断，切断电源。

④当电路发生一般性过载时，过载电流虽然不能使过流脱扣器动作，但能使热元件 13 产生一定的热量，促使双金属片 12 受热向上弯曲，推动杠杆 7 使搭钩与锁扣脱开，将主触头分断。

⑤当电路电压降到某一数值或电压全部消失时，欠压脱扣器吸力减小或消失，衔铁 10 被拉力弹簧 9 拉回并撞击杠杆 7，将三副主触头分断，切断电源。

2.符号及型号

①低压断路器的图形符号及文字符号如图 1-12 所示。

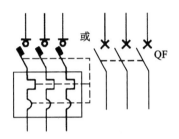

图 1-12　低压断路器图形、文字符号

②低压断路器的型号含义。

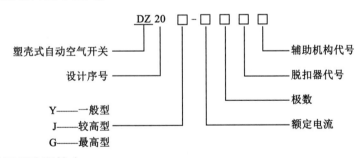

3.常用低压断路器简介

（1）框架式低压断路器

框架式低压断路器又称万能式低压断路器，利用绝缘衬底的框架结构底座将所有的构件组装在一起，用于低压配电网的保护。

框架式低压断路器常见的型号有 DW10 系列和 DW15 系列等。

（2）塑料外壳式低压断路器

塑料外壳式低压断路器利用模压绝缘材料制成的封闭型外壳将所有构件组装在一起，仅在壳盖中央露出操作手柄，供手动操作之用，一般用作配电线路的保护开关及电动机和照明线路的控制开关等。

目前生产的塑壳式断路器有 DZ5，DZ10，DZX10，DZ12，DZ15，DZX19，DZ20，DM1，SM1，CCM1，NM1，RMM1，HSM1，HM3，TM30，CM1 等系列产品，其中 DZX10 和 DZX19 系列为限流式断路器；另外，还有引进美国西屋电气公司制造技术生产的 H 系列及引进德国西门子股份公司制造技术生产的 DZ108 系列等。

（3）智能型万能式断路器

智能型万能式断路器将普通断路器的脱扣器更换为智能型脱扣器，其核心是具有单片机功能的微处理器。智能型脱扣器不但包含了全部脱扣器的保护功能（如短路保护、过流保护、过热保护、漏电保护、缺相保护等），还能显示电路中的各种参数（电流、电压、功率、功率因数等），各种保护的动作参数也可以显示、设定和修改，保护电路动作时的故障参数也可以被存储、查询；另外，还扩充了测量、控制、报警、数据记忆、传输、通信等功能，其性能大大优于传统的断路器。

目前常见的智能型万能式断路器有 CB11（DW48）系列、F 系列、CW1 系列、JXW1 系列、MA40（DW40）系列、MA40B（MA45）系列、NA1 系列、SHTW1（DW45）系列、YSA1 系列等。

【技术手册】

1.低压断路器的选用原则

①断路器的类型应根据电路的额定电流及保护的要求来选用。例如，一般场合选用塑壳式，短路电流很大的场合选用限流型，额定电流比较大或有选择性保护要求的场合选框架式，控制和保护含半导体器件的直流电路选直流快速断路器，等等。

②断路器的额定工作电压应大于或等于线路或设备的额定工作电压。对于配电线路来说，应注意区别断路器是安装在线路首端还是用于负载保护，按照线路首端电压比线路额定电压高出 5% 左右来选择。

③断路器额定工作电流大于或等于负载工作电流。

④断路器过电流脱扣器的整定电流应大于或等于线路的最大负载电流。

⑤断路器欠电压脱扣器的额定电压等于主电路额定电压。

⑥断路器的额定通断能力大于或等于电路的最大短路电流。

2.低压断路器的使用

使用低压断路器时，一般应注意以下几点：

①安装前先检查其脱扣器的整定电流、相关参数等是否满足要求；

②应按照规定垂直安装，连接导线要按照规定截面选用；

③操作机构在使用一定次数后，应添加润滑剂；

④定期检查触头系统，保证触头接触良好。

【实施与评价】

具体参见"实训：熔断器的识别与维修"及实训指导书。

任务四　认识接触器

【必备知识】

接触器是利用电磁吸力和弹簧反力的配合作用，使触头闭合或断开的一种电磁式自动切换电器，主要用于远距离频繁地接通或断开交、直流电路。根据接触器主触点通过电流的种类，可分为交流接触器和直流接触器。在大多数情况下，其控制对象是电动机。

接触器具有控制容量大、操作频率高、寿命长、能远距离控制等优点，同时具有欠、失压保护功能，所以在电气控制系统中的应用十分广泛。

1.结构和工作原理

（1）结构

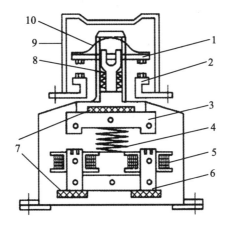

图 1-13　交流接触器结构

1—动触点；2—静触点；3—衔铁；4—缓冲弹簧；5—线圈；6—铁芯；

7—垫片；8—触点弹簧；9—灭弧罩；10—触点压力弹簧

CJ20 系列交流接触器结构如图 1-13 所示。其结构主要由以下四部分组成。

①电磁机构。它主要用来操作触头的闭合或分断，包括线圈、铁芯和衔铁。

❖线圈。它的作用是将电能转换成磁场能量，它是电磁机构动力的源泉。

按照通入线圈励磁电流的种类可分为直流线圈和交流线圈。直流励磁的电磁机构，其磁路的铁芯不发热，仅由流过线圈的励磁电流产生热量。为改善线圈的散热条件，直流线圈通常做成长而薄的长条形，线圈与铁芯之间不设框架，直接接触，通过铁芯来帮助散热。交流励磁的电磁机构，其铁芯存在磁滞与涡流损耗，线圈与铁芯都发热，为了不使二者的热量相互影响，交流线圈通常做成短而厚的粗短形，并设有框架，使铁芯与线圈隔离，以利于铁芯和线圈各自的散热。

按照线圈的连接方式可分为电流线圈和电压线圈。电流线圈串联于电路中，如图1-14(a)所示。为减小对电路中负载的影响，电流线圈的阻抗要尽可能小，因此，电流线圈导线粗、匝数少。电压线圈并联于电路中，如图1-14(b)所示。为减小对电路中负载的影响，电压线圈的阻抗要尽可能大，因此，电压线圈导线细、匝数多。

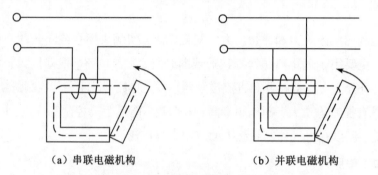

(a) 串联电磁机构　　　　　　　　(b) 并联电磁机构

图 1-14　电磁机构线圈的连接方式

❖铁芯。它的作用是当线圈通入电流后，产生吸引衔铁的电磁力。按照线圈通电电流性质的不同可分为直流铁芯与交流铁芯。

直流电磁铁的铁芯由整块铸铁或铸钢构成。

交流电磁铁的铁芯则用硅钢片叠成，以减小交流励磁电流产生的磁滞损耗和涡流损耗。在铁芯端面嵌装的短路环(又称分磁环)将铁芯中的磁通分为两部分：一部分磁通穿过短路环；另一部分磁通不穿过短路环。由于二者存在相位差，即不同时为零，使得合成吸力始终大于反作用力，消除了吸合时产生的振动和噪声。具体分析过程从略。

❖衔铁。它的作用是带动触头动作，其结构与铁芯相似。

②触头系统。触头又称触点，用来断开或接通电路。触点系统的好坏直接影响整个电器的工作性能。影响触点工作情况的主要因素是触点的接触电阻，接触电阻越大，越易使触点发热，从而加剧触点表面的氧化程度或产生"熔焊"现象。触点的接触电阻不仅与触点材料有关，而且与触点的接触形式、接触压力及触点表面状况有关。

❖触点材料。常用的触点材料有铜和银两种。采用铜质材料制成的触点，其接触性能良好、造价低廉，但在使用过程中，铜的表面容易氧化形成电阻率较大的氧化铜，使触点接触电阻增大，容易引起触点过热，降低电器的使用寿命；采用银质材料制成的触点，在使用过程中，虽然银的表面也氧化，但氧化银的电阻率与纯银相差无几，且易粉化，故其接触性能较铜质触点好，只是造价较高。

❖触点的接触形式。触点的接触形式有点接触、线接触和面接触三种，如图1-15所示。

（a）点接触　　　　　（b）线接触　　　　　（c）面接触

图 1-15　触点的三种接触形式

图 1-15（a）所示为点接触，由两个半球或一个半球与一个平面构成。由于接触区域是一个点或面积很小的面，允许通过的电流很小，所以它常用于电流较小的电器中，如继电器的触点和接触器的辅助触点。

图 1-15（b）所示为线接触，由两个圆柱面构成，又称指形触点。它的接触区域是一条直线或一个窄面，允许通过的电流较大，常用于中等容量接触器的主触点。由于这种接触形式在电路的通断过程中是滑动接触的，如图 1-16 所示，接通时，接触点由 $A \to B \to C$；断开时，接触点则由 $C \to B \to A$，能自动清除触点表面的氧化膜，所以可更好地保证触点的接触良好。

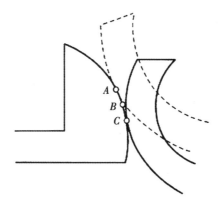

图 1-16　指形触点的接触过程

图 1-15（c）所示为面接触，由两个平面构成。由于接触区域有一定的面积，可以通过很大的电流，所以常用于大容量接触器的主触点。

❖触点的分类。

按照所控制的电路可将触点分为主触头（点）和辅助触头（点）。主触头用于通断主电路，通常为三对常开触头；辅助触头用于通断控制电路，一般常开、常闭各两对。

按照其原始状态分为常开触头（又称动合触头）和常闭触头（又称动断触头）。原始状态下（即线圈未通电时）处于断开状态，线圈通电后闭合的触头称为常开触头；原始状态下（即线圈未通电时）处于闭合状态，线圈通电后断开的触头称为常闭触头。

❖影响触点接触电阻的因素及减小接触电阻的方法。

一是触点的接触压力。安装触点弹簧可增加接触压力，减小接触电阻。

二是触点的材料。采用银或镀银触点可减小接触电阻，但造价较高，应根据实际情况选用。

三是触点的接触形式。在较大容量电器中，可采用具有滑动作用的指形触点，这样在每次动作过程中都可以磨去氧化膜，从而保证接触面清洁，减小接触电阻。

四是触点表面状况。触点表面的尘垢也会影响其导电性，因此，当触点表面聚集了尘垢以后，可用无水乙醇或四氯化碳揩拭干净；如果触点表面被电弧烧灼，可用组锉或砂纸将表面处理干净；触点磨损严重时应及时更换。

③灭弧装置。它起熄灭电弧的作用。额定电流在 10 A 以上的接触器一般都有灭弧装置。对于小容量的接触器常采用双断口桥式触点与陶土灭弧罩灭弧，对于大容量的接触器常采用纵缝灭弧罩灭弧及栅片灭弧。

④其他部件。主要包括反力弹簧、缓冲弹簧、触头压力弹簧、传动机构及外壳等。反力弹簧的作用是当线圈断电时，使触点系统迅速复位；缓冲弹簧的作用是缓解衔铁在吸合时对静铁芯和外壳的冲击力；触头压力弹簧的作用是增加动、静触点之间的压力，降低接触电阻并减振。

（2）工作原理

交流接触器工作原理示意图如图 1-17 所示。当励磁线圈（6，7 端）接通电源后，线圈电流产生磁场使铁芯 8 磁化，产生电磁吸力克服反力弹簧 10 的反作用力将衔铁 9 吸合，衔铁带动动触点动作，使常闭触点先断开、常开触点后闭合；当励磁线圈断电或外加电压太小时，在反力弹簧作用下，衔铁释放，使闭合的常开触点先断开、断开的常闭触点后闭合。

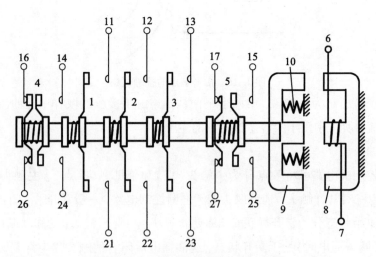

图 1-17　交流接触器工作原理示意图

1，2，3—动主触点；4，5—动辅助触点；6，7—线圈接线端子；8—铁芯；9—衔铁；10—反力弹簧；

11，12，13，21，22，23—静主触点；14，15，16，17，24，25，26，27—静辅助触点

2.符号及型号

①接触器的图形符号及文字符号如图 1-18 所示。

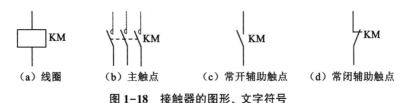

（a）线圈　　（b）主触点　　（c）常开辅助触点　　（d）常闭辅助触点

图 1-18　接触器的图形、文字符号

②接触器的型号含义。

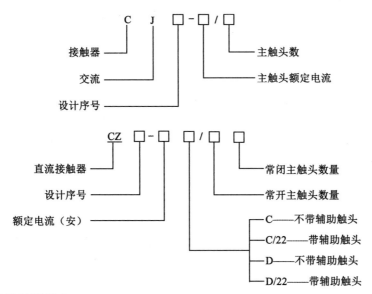

3.常用接触器简介

目前，国内常用的交流接触器有 CJ20，CJ24 等系列。其中，CJ20 系列接触器主要用于控制三相笼型异步电动机的启动、停止等，CJ24 系列接触器主要用于冶金、矿山及起重设备中控制绕线式电动机的启动、停止和切换转子电阻。引进生产的交流接触器有：德国西门子股份公司生产的 3TB 和 3TF 系列、法国 TE 公司生产的 LC1 和 LC2 系列、德国 BBC 公司生产的 B 系列等。

【技术手册】

1.接触器的选择

（1）接触器类型的选择

接触器类型应根据电路中负载电流的种类来选择，即交流负载应选用交流接触器，直流负载应选用直流接触器。

（2）接触器主触点额定电流的选择

对于电动机负载，流过接触器主触点的额定电流 I_N（A）为：

$$I_N = \frac{P_N \times 10^3}{\sqrt{3}\, U_N \cos\phi \eta} \qquad (1-4)$$

式中：P_N——电动机额定功率，kW；

$\quad\;\; U_N$——电动机额定线电压，V；

$\quad \cos\phi$——电动机功率因数，$\cos\phi = 0.85 \sim 0.9$；

$\qquad \eta$——电动机的效率，一般取 $\eta = 0.8 \sim 0.9$。

在选用接触器时，其额定电流应大于计算值。也可以根据相关的电气设备手册中给出的被控制电动机的容量和接触器额定电流对应的数据选择。

根据式（1-4），在已知接触器主触点额定电流的情况下，能计算出可控制电动机的最大功率。例如，CJ20-40 型交流接触器在 380 V 时的额定工作电流为 40 A，故它能控制的电动机的最大功率为：

$$P_N = \sqrt{3}\, U_N I_N \cos\phi \eta \times 10^{-3} = \sqrt{3} \times 380 \times 40 \times 0.9 \times 0.9 \times 10^{-3} \approx 21.3(\text{kW})$$

其中，$\cos\phi$ 和 η 均取 0.9。

在实际应用中，接触器主触点的额定电流也常常按照经验公式[式（1-5）]计算：

$$I_N = \frac{P_N \times 10^3}{K U_N} \qquad (1-5)$$

式中：K——经验系数，取 $K = 1 \sim 1.4$。

（3）接触器吸合线圈电压的选择

如果控制电路比较简单，所用接触器的数量较少，那么交流接触器线圈的额定电压一般直接选用 AC380 V 或者 AC220 V；如果控制电路比较复杂，使用的电器又比较多，为了安全起见，线圈的额定电压可选低一些，例如，交流接触器线圈电压可选 AC36 V，AC127 V 等，这时需要附加一个控制变压器。直流接触器吸合线圈电压的选择应视控制回路的具体情况而定，要选择吸合线圈的额定电压与直流控制电路的电压一致。

直流接触器的线圈加的是直流电压，交流接触器的线圈一般加的是交流电压，有时为了提高接触器的最大操作频率，交流接触器也有采用直流线圈的。

2.接触器的使用

①核对接触器的铭牌数据是否符合要求。

②擦净铁芯极面上的防锈油，在主触头不带电的情况下，使励磁线圈通、断电数次，检查接触器动作是否可靠。

③一般应安装在垂直面上，其倾斜角不得超过 5°，否则会影响接触器的动作特性。

④定期检查各部件，要求可动部分无卡阻、紧固件无松脱、触头表面无积垢、灭弧罩

无破损等。

3.接触器常见故障分析

①吸不上或吸力不足。造成此故障的主要原因有：电源电压过低或波动大；电源容量不足、断线、接触不良；接触器线圈断线、可动部分被卡住；触点弹簧压力与超程过大；动、静铁芯间距太大；等等。

②不释放或释放缓慢。造成此故障的主要原因有：触点弹簧压力过小；触点熔焊；可动部分被卡住；铁芯极面有油污；反力弹簧损坏；等等。

③线圈过热或烧损。发生线圈电流过大而导致线圈过热或烧损的故障原因有：电源电压过高或过低、操作频率过高、衔铁与铁芯闭合后有间隙等。

④噪声大。造成此故障的主要原因有：电源电压过低；触点弹簧压力过大；铁芯极面生锈或沾有油污、灰尘；分磁环断裂；铁芯极面磨损过度；等等。

⑤触点熔焊。造成此故障的主要原因有：操作频率过高或过负荷使用；负荷侧短路；触点弹簧压力过小；触点表面有突出的金属颗粒或异物；操作回路电压过低或机械卡住触点停顿在刚接触的位置上；等等。

⑥触头磨损。造成此故障的主要原因有两种：一种是电气磨损，由触头间电弧造成；另一种是机械磨损，由触头闭合时的撞击、触头表面的相对滑动造成。

【实施与评价】

具体参见"实训：熔断器的识别与维修"及实训指导书。

任务五　认识各种继电器

【必备知识】

继电器是一种根据电或非电信号的变化来接通或断开小电流电路，以实现自动控制、安全保护等功能的自动控制电器。其输入量可以是电量（如电流、电压等），也可以是非电量（如温度、时间、速度等），而输出则是触头的动作或电参数的变化。

常用继电器的主要类型有电流继电器、电压继电器、中间继电器、时间继电器、热继电器和速度继电器等。

1.电磁式电流继电器

电磁式电流继电器的线圈串联在被测量的电路中，以反映电路中电流的变化，对电路实现过电流或欠电流保护。为了不影响电路的正常工作，电流继电器线圈匝数少、导线粗、线圈阻抗小。

（1）工作原理

①过电流继电器。它主要用于频繁启动的场合，作为电动机的过载或短路保护。

当流过线圈的电流低于整定值时，衔铁不吸合；当电流超过整定值时，衔铁才吸合（动作），于是它的常闭（动断）触点断开，切断控制回路，同时常开（动合）触点闭合进行自锁或接通指示灯。

一般交流过电流继电器整定值的整定范围为额定电流的1.1~3.5倍，直流过电流继电器整定值的整定范围为额定电流的0.7~3.0倍。

②欠电流继电器。它常用于直流电动机和电磁吸盘的失磁保护。

当电路电流正常时，衔铁吸合，其常闭（动断）触点断开，常开（动合）触点闭合；当流过线圈的电流低于整定值时，衔铁释放，触点复位。

欠电流继电器的吸引电流为线圈额定电流的0.30~0.65倍，释放电流为线圈额定电流的0.1~0.2倍。

（2）符号及型号

①电流继电器的图形符号及文字符号如图1-19所示。

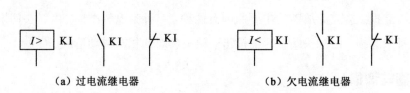

（a）过电流继电器　　　　　　　　　（b）欠电流继电器

图1-19　电流继电器的图形、文字符号

②电流继电器的型号含义。

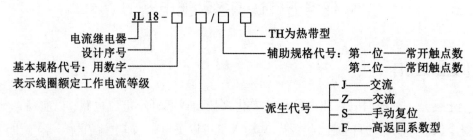

2.电磁式电压继电器

电压继电器是根据线圈两端电压的大小接通或断开电路的电器。这种继电器线圈的导线细、匝数多、阻抗大，并联在电路中。根据电压继电器动作电压值的不同，分为过电压、欠电压和零电压继电器。

（1）工作原理

①过电压继电器。它在电压为额定电压的110%~120%以上时吸合、触点动作，对电路进行过压保护，其工作原理与过电流继电器相似。

②欠(零)电压继电器。它在电压为额定电压的 40%~70% 时释放、触点复位,对电路进行欠压保护,其工作原理与欠电流继电器相似;零电压继电器在电压减小至额定电压的 5%~25% 时释放、触点复位,对电路进行零电压保护。

（2）符号及型号

①电压继电器的图形符号及文字符号如图 1-20 所示。

（a）过电压继电器   （b）欠电压继电器

图 1-20 电压继电器的图形、文字符号

②电压继电器的型号含义。

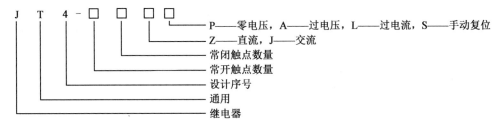

3.电磁式中间继电器

中间继电器的主要用途是当其他电器的触点数量或触点容量不够时,可借助它来扩大它们的触点数量或触点容量,起到中间转换的作用。

（1）工作原理

中间继电器的基本结构及工作原理与接触器相同,只是其触头系统中无主触头、辅助触头之分,触头数量多、触头容量相同。

（2）符号及型号

①中间继电器的图形符号及文字符号如图 1-21 所示。

线圈   常开触点   常闭触点

图 1-21 中间继电器的图形、文字符号

②中间继电器的型号含义。

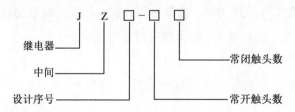

4.时间继电器

时间继电器是一种能延时接通或断开电路的电器。按照其动作原理与结构不同，可分为电磁式、空气阻尼式、电动式和电子式等；按照延时方式可分为通电延时型与断电延时型。

（1）常用时间继电器简介

①直流电磁式时间继电器。

❖工作原理。直流电磁式时间继电器是利用电磁线圈断电后磁通延缓变化的原理而工作的。

❖适用场合。电磁式时间继电器结构简单、运行可靠、寿命长，但延时时间短（最长不超过 5 s）、延时精度不高、体积大，仅适用于直流电路中作为断电延时型时间继电器，从而限制了它的应用。

常用的直流电磁式时间继电器有 JT3 和 JT18 系列。

②空气阻尼式时间继电器。

❖工作原理。空气阻尼式时间继电器也称气囊式时间继电器，是利用空气阻尼原理获得延时的。

❖适用场合。空气阻尼式时间继电器的结构简单、寿命长、价格低，并具有瞬动触点，但延时的准确度低、误差大，一般适用于对延时精度要求不高的场合。

③电子式时间继电器。

电子式时间继电器具有延时范围宽、精度高、体积小、工作可靠等优点，应用日益广泛，但其缺点是延时会受环境温度变化及电源波动的影响。

❖晶体管式时间继电器。它是利用 RC 电路电容充电时，电容器上的电压逐步上升的原理获得延时的。常用的晶体管式时间继电器有 JS14A，JS15，JS20，JSJ，JSB，JS14P 等系列。其中，JS20 系列晶体管时间继电器是全国统一设计产品，延时范围有 0.1~180，0.1~300，0.1~3600 s 三种，电气寿命达 10 万次，适用于交流 50 Hz、电压 380 V 及以下或直流 110 V 及以下的控制电路中。

❖数字式时间继电器。它与晶体管式时间继电器相比，延时范围可成倍增加，调节精度可提高两个数量级以上，控制功率和体积更小，适用于各种需要精确延时的场合及各种自动化控制电路中。这类时间继电器功能多，有通电延时、断电延时、定时吸合、循环延时四种延时形式和十几种延时范围供用户选择,这是晶体管式时间继电器比不上的。目前市场上的数字式时间继电器的型号很多,有 DH48S, DH14S, DH11S, JSS1, JS14S 系列等。另外,还有从日本富士公司引进生产的 ST 系列等。

(2)符号及型号

①时间继电器的图形符号和文字符号如图 1-22 所示。

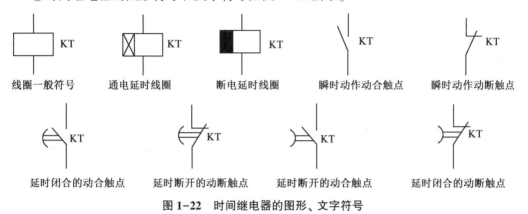

图 1-22 时间继电器的图形、文字符号

②时间继电器的型号含义。

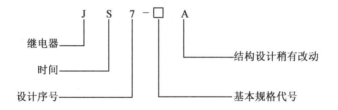

5.热继电器

电动机在运行过程中常会遇到过载情况,只要过载不严重,绕组的温度不超过允许温度,这种过载是允许的。但如果过载情况严重、时间长,则会引起绕组过热,缩短电动机的使用寿命,甚至烧毁电动机。

热继电器是利用电流的热效应原理来切断控制电路的保护电器,主要适用于电动机的过载保护、断相保护、电流不平衡保护及其他电气设备发热状态的控制。

(1)结构及工作原理

热继电器主要由热元件、双金属片、触点、复位按钮等组成,其结构示意图如图 1-23所示。热元件由发热电阻丝做成,串接在电动机定子绕组中,电动机定子绕组电流即为流过热元件的电流。双金属片由两种不同线膨胀系数的金属通过机械碾压制成,当双金属片受热膨胀时,由于两种金属的线膨胀系数不同,其整体会产生弯曲变形。

电动机正常运行时,热元件产生的热量虽然能使双金属片弯曲,但不足以使其触点动作;当电动机过载时,热元件产生的热量增大,使双金属片弯曲位移量增大,经过一段时间后,双金属片弯曲到能够推动导板,并通过补偿双金属片与推杆将触点分开,使接触器线圈断电，切断电动机的电源，从而实现了对电动机的过载保护。

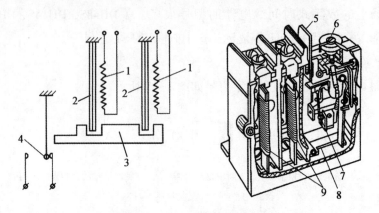

图 1-23　热继电器结构示意图

1—热元件；2—双金属片；3—导板；4—触头；5—复位按钮；

6—调整旋钮；7—常闭触头；8—动作机构；9—热元件

（2）符号及型号

①热继电器的图形符号及文字符号如图 1-24 所示。

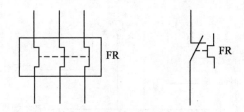

图 1-24　热继电器的图形、文字符号

②热继电器的型号含义。常用的热继电器有 JRS1，JR20，JR16，JR15 等系列，其型号含义如下：

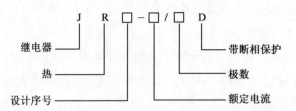

6.速度继电器

速度继电器常用于三相感应电动机按照速度原则控制的反接制动电路中，亦称反接制动继电器。一般情况下速度继电器转轴的转数在 120 r/min 左右即能动作，在 100 r/min 以下触点复位。

（1）结构及工作原理

速度继电器主要由转子、定子和触头三部分组成。转子是一个圆柱形永久磁铁，定子是一个由硅钢片叠成的笼形空心圆环，并装有笼型绕组。其结构示意图如图 1-25 所示。

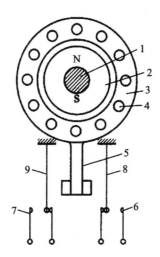

图1-25 速度继电器结构示意图

1—转轴；2—转子；3—定子；4—绕组；5—摆锤；6, 7—静触点；8, 9—动触点

当电动机转动时，与电动机轴相连的速度继电器的转子随之转动，形成的旋转磁场切割定子绕组，产生感应电动势和电流，此电流在旋转磁场作用下产生转矩，使定子转动，当转到一定角度时，装在定子上的摆锤推动触点动作；当电动机转速低于某一值时，定子产生的转矩减小，触点复位。

（2）符号及型号

①速度继电器的图形符号及文字符号如图1-26所示。

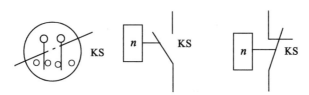

图1-26 速度继电器的图形、文字符号

②常用速度继电器的型号。常用的速度继电器有 JY1 型和 JFZ0 型。JY1 型能在3000 r/min 以下可靠工作；JFZ0-1 型适用于 300～1000 r/min，JFZ0-2 型适用于1000～3600 r/min；JFZ0 型有两对动合、动断触点。

继电器的种类有很多，除前面介绍的几种常见继电器外，还有干簧继电器、固态继电器、相序继电器、温度继电器、压力继电器、综合继电器等，因篇幅有限，在此不做一一介绍。

【技术手册】

1.继电器使用注意事项

①仔细核对继电器的铭牌数据是否符合要求；

②检查安装是否到位、牢固；

③检查接线是否正确、导线使用是否符合规格要求；

④检查继电器活动部分是否动作灵活、可靠；

⑤清除部件表面污垢；

⑥使用过程中应定期检查，如发现不正常现象，立即处理。

2.热继电器选用原则

①热继电器结构形式的选择。星形接法的电动机可选用两相或三相结构的热继电器；三角形接法的电动机应选择带断相保护的三相结构热继电器。

②根据被保护电动机的实际启动时间选取6倍额定电流以下具有相应可返回时间的热继电器。一般热继电器的可返回时间为6倍额定电流下动作时间的50%～70%。

③热元件额定电流一般可按照式(1-6)确定：

$$I_N = (0.95 \sim 1.05) I_{MN} \tag{1-6}$$

式中：I_N ——热元件的额定电流；

I_{MN} ——电动机的额定电流。

对于工作环境恶劣、启动频繁的电动机，则按照式(1-7)确定：

$$I_N = (1.05 \sim 1.15) I_{MN} \tag{1-7}$$

④对于短时重复工作的电动机(如起重机的电动机)，由于电动机不断重复升温，热继电器双金属片的温升跟不上电动机绕组的温升，电动机将得不到可靠的过载保护。因此，不宜选用双金属片热继电器，而应选用过电流继电器或能反映绕组实际温度的温度继电器来进行保护。

【实施与评价】

具体参见"实训：熔断器的识别与维修"及实训指导书。

任务六 认识各种主令电器

【必备知识】

主令电器是用于发布操作命令以接通和分断控制电路的操纵电器。常用的主令电器有控制按钮、行程开关、万能转换开关、凸轮控制器与主令控制器、接近开关等。

1.按钮

按钮是一种手动且一般可以自动复位的主令电器，主要用于控制系统中，用来发布控制命令。

(1)结构及工作原理

按钮外形和结构示意图如图1-27所示,一般由按钮帽、复位弹簧、动触点、静触点和外壳等组成,通常制成具有动合(常开)触点和动断(常闭)触点的复式结构。

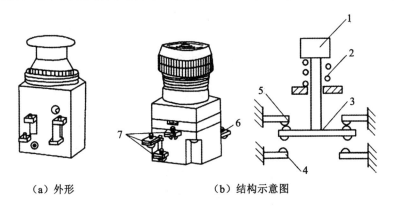

（a）外形 　　　　（b）结构示意图

图1-27　按钮外形和结构示意图

1—按钮帽；2—复位弹簧；3—动触点；4,5—静触点；6,7—接线端子

按下按钮时,动断触点先断开,动合触点后闭合;放开按钮后,在复位弹簧作用下,按钮自动复位,即闭合的动合触点先断开,断开的动断触点后闭合。这种按钮称自复式按钮。另外,还有带自保持机构的按钮,第一次按下后,由机械机构锁定,手放开后按钮不复位,第二次按下后,锁定机构脱扣,手放开后才自动复位。

(2)符号及型号

①按钮的图形符号及文字符号如图1-28所示。

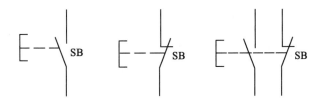

图1-28　按钮的图形、文字符号

②按钮的型号含义。目前使用比较多的有 LA10,LA18,LA19,LA20,LA25,LAY3,LAY5,LAY9,HUL11,HUL2 等系列产品,其型号含义如下:

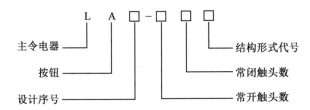

2.行程开关

行程开关又称限位开关、终点开关,主要用来限制机械运动的位置或行程。

(1)结构及工作原理

行程开关结构示意图如图1-29所示。

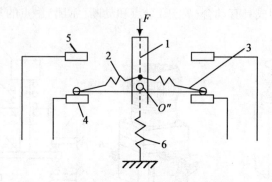

图1-29 行程开关结构示意图

1—推杆；2,6—弹簧；3—动触点；4,5—静触点

当运动机械的挡铁压下行程开关的推杆时，微动开关快速动作，其常闭触头分断，常开触头闭合；当运动机械的挡铁移开后，触头复位。

(2)符号及型号

①行程开关的图形符号及文字符号如图1-30所示。

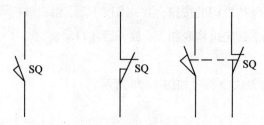

图1-30 行程开关的图形、文字符号

②行程开关的型号。目前，市场上常用的行程开关有LX19，LX22，LX32，LX33，JLXL1，LXW-11，JLXK1-11，JLXW5系列等，其型号及其含义如下：

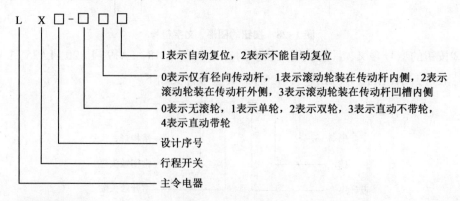

3.万能转换开关

万能转换开关是一种多挡位、多触点且能控制多个回路的主令电器，主要用于各种

配电装置的远距离控制，也可作为电气测量仪表的转换开关或用作小容量电动机（2.2 kW以下）的启动、制动、调速和换向控制。由于它能转换多种和多数量的电路，用途广泛，故被称为万能转换开关。

（1）结构及工作原理

图1-31所示为万能转换开关中某一层的结构示意图。万能转换开关一般由操作机构、面板、手柄及数个触点座等部件组成，用螺栓组装成为整体。由于每层凸轮可做成不同的形状，因此当手柄转到不同位置时，通过凸轮的作用，可以使各对触点按照需要的规律接通和分断。

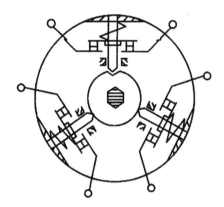

图1-31　万能转换开关单层结构

（2）符号及型号

①万能转换开关的图形符号及文字符号如图1-32所示。

图形符号中每一对左、右横线代表一路触点，每一条竖的虚线代表手柄的一个位置，每个黑点"●"表示手柄在这个位置时，黑点上面的那一路触点接通，如图1-32（a）的中间虚线上有两个"●"，表示手柄在"零"位时，第1路、第3路触点均接通。触点通断状态也可用通断表来表示，其中"+"表示触点闭合，"-"表示触点断开，如图1-32（b）的"位置右"对应有两个"-"，表示手柄在"右"位时，第1路、第3路触点均断开，这与图1-32（a）表达的含义是一致的。

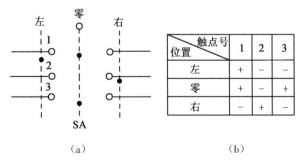

位置＼触点号	1	2	3
左	+	-	-
零	+	-	+
右	-	+	-

（a）　　　　　　　　　　（b）

图1-32　万能转换开关的图形、文字符号

②万能转换开关的型号含义。目前常用的万能转换开关有 LW5，LW6 等系列，其型号含义如下：

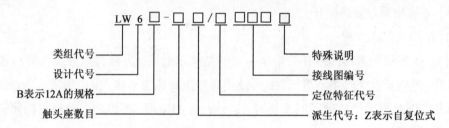

4.凸轮控制器与主令控制器

凸轮控制器是一种大型手动控制电器，用于直接控制电动机的正、反转及调速、启动、停止。应用凸轮控制器控制的电动机控制电路简单，维护方便，被广泛地用于中、小型起重机的平移机构和小型起重机的提升机构的控制。

主令控制器的触点容量较小，用于通过接触器间接控制容量较大、工作繁重且对操作频率和调速性能要求较高的电动机。主令控制器操作轻便，允许操作频率较高，主要用于起重机、轧钢机及其他生产机械磁力控制盘的控制。

（1）凸轮控制器

①结构与工作原理。凸轮控制器主要由触点、绝缘方轴、凸轮、杠杆、手柄、灭弧罩及定位机构组成，如图 1-33 所示。

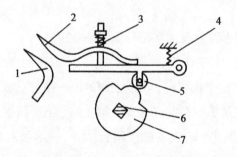

图 1-33　凸轮控制器结构原理

1—静触点；2—动触点；3，4—弹簧；5—滚轮；6—绝缘方轴；7—凸轮

转动手柄，方轴带动凸轮一起转动，凸轮顶动滚轮，克服弹簧压力，使动、静触点分断。在转轴上叠装不同形状的凸轮，可以使若干个触点组按照规定的顺序接通或分断。将这些触点接到电动机电路中，便可实现控制电动机的目的。

②符号及型号。凸轮控制器的图形符号和文字符号与万能转换开关基本相同，如图 1-34 所示。

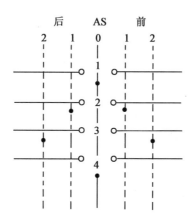

图 1-34　凸轮控制器的图形、文字符号

凸轮控制器型号的含义如下：

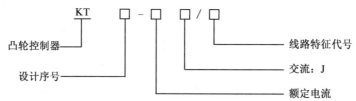

（2）主令控制器

①结构与工作原理。主令控制器的结构、工作原理与凸轮控制器相似，只是触点的容量较小。

②符号及型号。

主令控制器的图形符号和文字符号与万能转换开关、凸轮控制器基本相同。

主令控制器型号的含义如下：

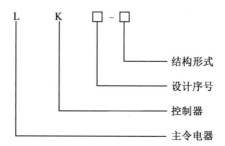

5.接近开关

接近开关是一种无触点行程开关，当物体接近开关时能发出动作信号，而不像机械式行程开关那样需施与外力后才能产生动作信号。接近开关具有工作可靠、寿命长、无噪声、动作灵敏、体积小、耐振频率高和定位精度高等优点，被广泛地用于行程控制、计数、测速、零件尺寸检测、金属和非金属的探测、液面控制等电量与非电量检测的自动化系统中。

（1）结构及工作原理

接近开关以高频率振荡型最为常用，主要由振荡器、检测及晶体管输出等部分组成。它的工作基础是高频振荡电路状态的变化。

当金属物体进入以一定频率稳定振荡的线圈磁场时，由于该金属物体内部产生涡流损耗，使振荡回路电阻增大，能量损耗增加，以致振荡减弱，直至终止。因此，在振荡电路后面接上放大电路与输出电路，就能检测出金属物体是否存在，并能给出相应的控制信号去控制继电器，以达到控制的目的。

（2）符号及型号

①接近开关的图形符号及文字符号如图 1-35 所示。

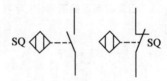

图 1-35　接近开关的图形、文字符号

②常用接近开关的型号。目前市场上接近开关的产品很多，型号各异，例如，IXJO 型、IJ-1 型、LJ-2 型、LJ-3 型、CJK 型、JKDX 型、JKS 型晶体管无触点接近开关及 J 系列接近开关等。接近开关的功能基本相同，外形有 M6 ~ M34 圆柱形、方形、普通型、分离型、槽型等。

【技术手册】

按照使用场合、作用的不同，通常将按钮做成多种颜色以示区别。《机械安全　机械电气设备　第 1 部分：通用技术条件》（GB 5226.1—2002）对按钮颜色做出如下规定：

①"停止"和"急停"按钮——红色；

②"启动"按钮——绿色；

③"启动"与"停止"交替动作按钮——黑白色、白色或灰色；

④"点动"按钮——黑色；

⑤"复位"按钮——蓝色。

【实施与评价】

具体参见"实训：熔断器的识别与维修"及实训指导书。

【实战演练】

1.判断

①低压电器通常指工作在~380 V及以下的电器。 （ ）

②根据通入线圈电流的种类,接触器分为交流接触器和直流接触器。 （ ）

③交流接触器铁芯端面嵌装短路环的目的是消除动、静铁芯吸合时产生的振动与噪声。 （ ）

④交流电磁铁的线圈多为无骨架式。 （ ）

⑤直流电磁铁的铁芯用硅钢片叠成,以减小磁滞和涡流损耗。 （ ）

⑥直流电磁机构的线圈制成细长形且不设线圈骨架,线圈直接与铁芯接触,利于线圈散热。 （ ）

⑦接触器的额定电压是指接触器线圈的额定电压。 （ ）

⑧接触器的额定电流是指接触器主触点的额定工作电流。 （ ）

⑨刀开关在接线时,应将负载线接在上端,电源线接在下端。 （ ）

⑩过电流继电器在电路电流正常时衔铁吸合,当流过线圈的电流超过整定值时,衔铁释放、触点复位。 （ ）

⑪热继电器的额定电流是指其触点的额定电流。 （ ）

⑫一定规格的热继电器,其所安装的热元件规格可能是不同的。 （ ）

⑬时间继电器的所有触点都是延时动作的。 （ ）

⑭熔断器是一种用于短路与严重过载保护的电器。 （ ）

⑮由于铜的熔点高,所以铜不能作为熔断器的熔体。 （ ）

⑯在一个额定电流等级的熔断器内可以安装不同额定电流等级的熔体。 （ ）

⑰自复式熔断器不必更换熔体,能重复使用,但动作时只能限流而不能切断故障电流。 （ ）

⑱行程开关、限位开关、终点开关是同一种开关。 （ ）

⑲主令控制器是一种大型手动控制电器,用于直接控制电动机的正、反转及调速、启动、停止。 （ ）

2.选择

①关于接触电阻,下列说法中不正确的是( )。

　A.由于接触电阻的存在,会导致电压损失

　B.由于接触电阻的存在,触点的温度降低

　C.由于接触电阻的存在,触点容易产生熔焊现象

　D.由于接触电阻的存在,触点工作不可靠

②为了减小接触器触点的接触电阻,下列做法中不正确的是(　　　)。

　　A.在静铁芯的端面上嵌装短路环　　　　B.加装一个触点弹簧

　　C.触点接触面保持清洁　　　　　　　　D.在触点上镶一块纯银块

③电压线圈与电流线圈相比,具有的特点是(　　　)。

　　A.电压线圈匝数多、导线细、电阻小　　B.电压线圈匝数多、导线细、电阻大

　　C.电压线圈匝数少、导线粗、电阻小　　D.电压线圈匝数少、导线粗、电阻大

④国家标准对"启动""停止"按钮颜色的规定分别是(　　　)。

　　A.绿、红　　　　　　　　　　　　　　B.绿、黑

　　C.红、绿　　　　　　　　　　　　　　D.黑、白

⑤交流接触器除了具有接通和断开主电路和控制电路的功能外,还可以实现(　　　)。

　　A.短路保护　　　　　　　　　　　　　B.过载保护

　　C.过电流保护　　　　　　　　　　　　D.欠、失压保护

⑥接触器线圈断电后,衔铁不能立即释放的原因可能是(　　　)。

　　A.铁芯接触面有油腻　　　　　　　　　B.短路环断裂

　　C.弹簧弹力过大　　　　　　　　　　　D.电源电压偏低

⑦热继电器不能作为电动机的(　　　)。

　　A.短路保护　　　　　　　　　　　　　B.过载保护

　　C.断相保护　　　　　　　　　　　　　D.三相电流不平衡保护

⑧用来限制机械运动的位置或行程的电器是(　　　)。

　　A.按钮　　　　　　　　　　　　　　　B.万能转换开关

　　C.行程开关　　　　　　　　　　　　　D.自动空气开关

⑨下面对中间继电器的描述中错误的是(　　　)。

　　A.能扩大触点数量　　　　　　　　　　B.无主、辅触头之分,触头容量相同

　　C.能扩大触点容量　　　　　　　　　　D.能实现短路保护

⑩速度继电器一般用于(　　　)。

　　A.异步电动机的正、反转控制　　　　　B.电动机的多地控制

　　C.异步电动机的反接制动控制　　　　　D.异步电动机的顺序启动、停止控制

⑪由于电弧的存在,将导致(　　　)。

　　A.电路的分断时间加长　　　　　　　　B.电路的分断时间缩短

　　C.电路的分断时间不变　　　　　　　　D.电路的分断能力提高

3.思考

①如何选择熔体和熔断器的规格?

②低压断路器可以起到哪些保护作用?试说明其工作原理。

项目二　三相异步电动机基本控制电路及其安装

【项目描述】

随着我国经济的快速发展，各个行业的电气化与自动化程度日益提高，电气设备的使用范围也愈加宽广。当然，电气设备的安装、调试、维护和修理工作也越来越重要，对电气从业人员的技术水平要求也越来越高。在各种机械设备和家用电器中，几乎所有的生产机械都用电动机来拖动，这种拖动方式称为电力拖动。对电动机控制的最广泛、最基本、应用最多的方式是继电器接触器控制方式。这种控制方式由多种有触点的低压电器，根据不同的控制要求及生产机械对电气控制电路的要求连接而成，能实现对电力拖动系统的启动、反转、制动、调速等运行过程的控制，也能对电力拖动系统进行有效的电气保护，满足生产工艺的要求，并实现生产过程自动化。因此，熟悉和掌握各种常用电动机的典型控制电路，以及机械设备和家用电器等各类电气设备的控制电路，对正确使用电气设备及进行故障处理是非常必要的。

【学习目标】

①能根据控制要求绘制三相异步电动机直接启动、正转及反转、降压启动、制动、调速等控制原理图，完成节点标注，并能掌握这些控制方法的工作原理及其所能实现的保护。

②能根据原理图绘制元件布置图、接线图，并独立完成装接、调试和通电试车。

③能根据原理图检查接线的正确性，查找故障点，分析出现故障的原因并进行维修。

任务一　基本控制电路图的绘制及电路安装

【必备知识】

1.电气制图

（1）图形、文字符号

电气控制系统由各种电器元件按照一定要求连接而成。为了表达电气控制系统的结构、工作原理，同时也为了便于电气系统的安装、调整、使用和维修，必须采用统一的图形符号和文字符号来表达。目前，我国已颁布实施了一系列电气图形和文字符号的国家标准，如《电气简图用图形符号 第 1 部分：一般要求》（GB/T 4728.1—2018）、《水电水利工程电气制图标准》（DL/T 5350—2006）等。

国家规定，在电气控制系统图中，各种电器元件的图形符号、文字符号和回路标号必须符合最新国家标准。

（2）电路各点标记

①三相交流电源引入线和中性线采用 L_1，L_2，L_3 和 N 标记；直流电源的正、负、中间线分别用 L_+，L_-，M 标记；保护接地线用 PE 标记。

②电源开关之后的三相交流电源主电路分别按照 U，V，W 顺序标记；分级三相交流电源主电路采用三相文字代号 U，V，W 前加上阿拉伯数字 1，2，3 等来标记，如 1U，1V，1W 及 2U，2V，2W 等。

③各电动机分支电路的各接点标记，采用三相文字代号后面加数字下角标来表示，数字中的个位数表示电动机代号，十位数表示该支路各接点的代号，从上到下按照数字大小顺序标记。如 U_{11} 表示第一台电动机第一相（U 相）的第一个接点代号，U_{21} 表示第一台电动机第一相（U 相）的第二个接点代号，以此类推。

④电动机绕组首端分别用 U，V，W 标记，尾端分别用 U′，V′，W′标记，双绕组的中点用 U″，V″，W″标记。

⑤控制电路采用阿拉伯数字编号，一般由三位或三位以下的数字组成。标记方法按照"等电位"原则进行。在垂直绘制的电路中，标号顺序一般由上而下编号，凡是被线圈、绕组、触点或电阻、电容等元件所间隔的线段，都应标以不同的电路标号。

2.电气图的分类

最常用的电气控制系统图（简称电气图）有三种：电气原理图、电器元件布置图、电气安装接线图。下面对这三种电气图进行简单介绍。

（1）电气原理图

电气原理图又称电路图，是根据电路工作原理绘制的，其作用是便于详细了解控制系统的工作原理，指导系统或设备的安装、调试与维修。

下面以图 2-1 为例介绍电气原理图的绘制原则、方法及注意事项。

①电气原理图的绘制原则。

❖各电器元件不画实际的外形图，而是用国家标准规定的图形符号和文字符号表示。同一电器的不同组成部分采用同一文字符号标明；同一电路中的多个同类型电器，可在文字符号后加注阿拉伯数字序号下角标来区分。

❖电气原理图一般分为主电路和控制电路两部分：主电路指从电源到负载（电动机）

的大电流通过路径，通常垂直地绘制在图面的左侧；控制电路是由接触器和继电器的线圈、各种电器的触点等组成的逻辑电路，通常垂直地绘制在图面的右侧；电源电路水平绘制在图面的上方。

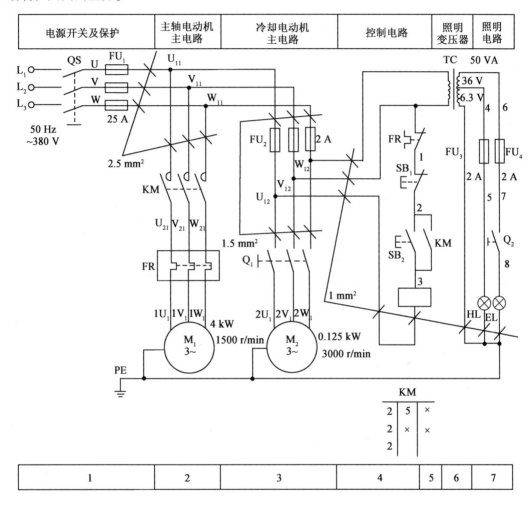

图 2-1　CW6132 型车床控制系统电气原理图

❖所有元件可动部分的图形符号，均按照电器未通电和没受外力作用时的状态绘制。使触点动作的外力方向如下：图形垂直绘制时为从左向右，即垂线左侧的触点为常开触点，垂线右侧的触点为常闭触点；图形水平绘制时为从下向上，即水平线下面的触点为常开触点，水平线上面的触点为常闭触点。

②图区的划分。

为了方便读图，往往需要将复杂电路图分区。分区方法如下：从左上角开始，在图的边框处，竖边方向用大写英文字母、横边方向用阿拉伯数字依次编号。分区式样如图 2-2 所示。

在具体使用时，对垂直布置的电路，一般只需标明列的标记。例如在图 2-1 的下部，只标明了列的标记。图区左侧第一列上部对应的"电源开关及保护"字样，表明对应区域元件或电路的功能，使读者能清楚地知道某个元件或某部分电路的功能，以利于理解整个电路的工作原理。

分区以后，相当于在图上建立了一个二维坐标系，可以很方便地找到元件的相关触点位置。

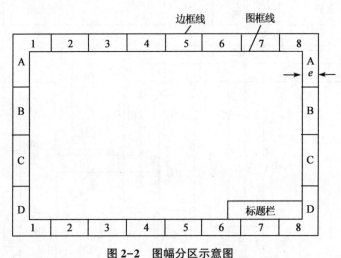

图 2-2　图幅分区示意图

③触点位置的索引。

元件触点位置的索引采用"图号/页次/图区号（行列号）"组合表示，如：图 1234/56/B2。

当某图号仅有一页图时，可省去页次，只写图号和图区号；在只有一个图号时，可省去图号，只写页次和图区号；当元件的相关触点只出现在一张图样上时，只标出图区号即可。

在电气原理图中，接触器和继电器触点的位置应用附图表示。即在电气原理图相应线圈的下方，给出线圈的文字符号，并在其下面注明相应触点的图区号，对未使用的触点用"×"标注，也可以不予标注，如图 2-1 所示。

附图中接触器各栏的含义如下：

附图中继电器各栏的含义如下：

（2）电器元件布置图

电器元件布置图主要用来表明电气控制设备中所有电器元件的实际位置，为电气控制设备的安装及维修提供必要的资料。各电器元件的安装位置是由控制设备的结构和工作要求决定的。例如，电动机要和被拖动的机械部件在一起，行程开关应放在需要取得动作信号的地方，操作元件要放在操作方便的地方，一般电器元件应放在控制柜内。

图 2-3 所示为某车床的电器元件布置图。

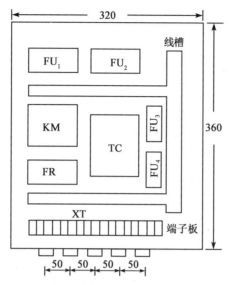

图 2-3 某车床的电器元件布置图

（3）电气安装接线图

电气安装接线图是表明电气设备之间实际接线情况的图，主要用于接线安装、线路检查、线路维修和故障处理。图 2-4 所示为某机床的电气接线图。

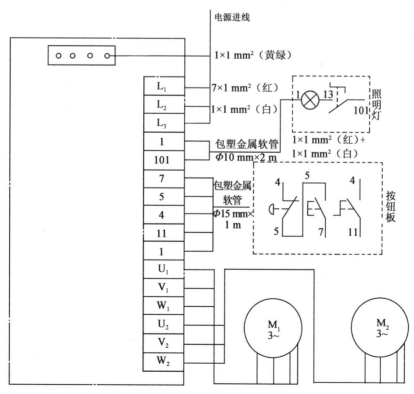

图 2-4 某机床的电气接线图

国家有关标准规定的安装接线图的编制规则主要包括以下内容：

①一个元件的所有带电部件均画在一起，并用点划线框起来；

②各电器元件的图形符号与文字符号均应与电气原理图一致；

③应标出项目的相对位置、项目代号、端子号、导线类型、截面积等；

④同一控制底板内的电器元件可直接连接，而底板内元件与外部元器件连接时必须通过接线端子板进行。

【技术手册】

电动机基本控制电路的安装一般应按照以下步骤进行。

①识读电路图，明确电路所用电器元件及其作用，熟悉电路的工作原理。

②根据电路图或元件明细表配齐电器元件，并进行检验。

③根据电路图绘制布置图和接线图，在控制板上固定安装电器元件（电动机除外），并贴上醒目的文字符号。

④根据电动机容量选配主电路导线的截面。控制电路导线一般采用截面为 $1\ mm^2$ 的铜芯线（BVR）；按钮线一般采用截面为 $0.75\ mm^2$ 的铜芯线（BVR）；接地线一般采用截面不小于 $1.5\ mm^2$ 的铜芯线（BVR）。

⑤根据电路图检查控制板布线的正确性。用万用表进行检查时，应选用电阻挡的适当倍率并进行校零，以防错漏短路故障。

⑥安装电动机。

⑦连接电动机和所有电器元件金属外壳的保护接地线。

⑧连接电源、电动机等控制板外部的导线。

⑨自检。

⑩交验。

⑪通电试车。

【实施与评价】

参见实训指导书。

任务二　三相异步电动机单向直接启动控制电路的安装

【必备知识】

1.控制方案

电动机的启动就是把电动机与电源接通，使电动机由静止状态逐渐加速到稳定运行状态的过程。笼型异步电动机有直接启动和降压启动两种启动方式。

直接启动（又称全压启动）是指将额定电压直接、全部加到电动机定子绕组上的启动方式。虽然这种启动方式的启动电流较大（为额定电流的5~7倍），会使电网电压降低而影响附近其他电气设备的稳定运行，但因其电路简单、启动力矩大、启动时间短，所以应用仍然十分广泛。

电动机只需满足下述三个条件中的一个，就可以直接启动。

①电动机额定容量不大于7.5 kW。

②电动机额定容量不大于专用电源变压器容量的15%~20%。

③满足经验公式：

$$I_{st}/I_N \leqslant 3/4 + S/(4P_N) \tag{2-1}$$

式中：I_{st}——电动机启动电流，A；

　　I_N——电动机额定电流，A；

　　S——电源容量，kV·A；

　　P_N——电动机额定功率，kW。

三相异步电动机单向直接启动既可采用刀开关、低压断路器手动控制，也可采用接触器控制。

2.刀开关控制

刀开关适用于控制容量较小（如小型台钻、砂轮机、冷却泵的电动机等）、操作不频繁的电动机。刀开关控制三相异步电动机单向直接启动电路图如图2-5(a)所示。

(1)工作原理

合上刀开关QS，电动机直接启动；断开刀开关QS，电动机断电。

(2)实现保护

短路保护由熔断器FU实现。

3.低压断路器控制

低压断路器适用于控制容量较大、操作不频繁的电动机。低压断路器控制三相异步电动机单向直接启动电路图如图2-5(b)所示。

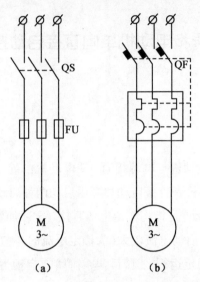

图 2-5 刀开关、低压断路器控制的电动机单向直接启动电路图

（1）工作原理

合上低压断路器 QF，电动机直接启动；断开低压断路器 QF，电动机断电。

（2）实现保护

短路保护、过载保护、欠压保护、失压保护均由低压断路器 QF 实现。

4.接触器控制

接触器适用于远距离控制容量较大、操作频繁的电动机。根据控制要求不同，其控制方式有点动控制、长动控制、点动与长动混合控制三种。

（1）点动控制

有些生产机械要求短时工作（如车床刀架的快速移动、钻床摇臂的升降、电动葫芦的升降和移动等），为操作方便，通常采用图 2-6 所示的电路进行控制。

①工作原理。

❖启动。按下启动按钮 SB→接触器 KM 线圈通电→KM 主触点闭合→电动机 M 通电启动。

❖停止。松开启动按钮 SB→接触器 KM 线圈断电→KM 主触点断开→电动机 M 断电。

这种按下启动按钮电动机启动、松开启动按钮电动机停止的控制，称为点动控制。

②实现保护。

短路保护由熔断器 FU 实现；欠、失压保护由接触器 KM 实现。

由于点动控制的电动机工作时间较短，热继电器来不及反映其过载电流，因此没有必要设置过载保护。

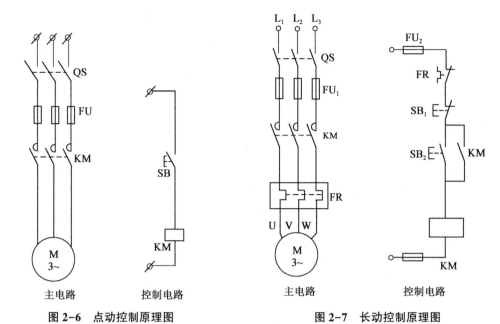

图 2-6 点动控制原理图   图 2-7 长动控制原理图

（2）长动控制

在生产实际中，大部分生产机械（如机床的主轴、水泵等）要求能长期连续运转，为满足控制要求，通常采用如图 2-7 所示的电路进行控制。

①工作原理。

❖启动。按下启动按钮 SB_2→接触器 KM 线圈通电→KM 所有触点全部动作：KM 主触点闭合→电动机 M 通电启动；KM 常开辅助触点闭合→保持 KM 线圈通电→松开 SB_2。显然，松开 SB_2 前，KM 线圈由两条线路供电：一条线路经由已经闭合的 SB_2，另一条线路经由已经闭合的 KM 常开辅助触点。这样，当松开 SB_2 后，KM 线圈仍可通过已经闭合的常开辅助触点继续通电，其主触点仍然闭合，电动机仍然通电。

❖停止。按下停止按钮 SB_1→KM 线圈断电→KM 所有触点全部复位：KM 主触点断开→电动机 M 断电；KM 常开辅助触点断开→断开 KM 线圈通电路径。

显然，松开 SB_1 后，虽然 SB_1 在复位弹簧作用下恢复闭合状态，但此时 KM 线圈通电回路已断开，只有再次按下 SB_2，电动机才能重新通电启动。

这种按下再松开启动按钮后电动机能长期连续运转、按下停止按钮后电动机才停止的控制，称为长动控制；这种依靠接触器自身辅助触点保持其线圈通电的现象，称为自锁或自保持；这个起自锁作用的辅助触点，称为自锁触点。

②实现保护。

主电路和控制电路的短路保护分别由熔断器 FU_1 和 FU_2 实现。

过载保护由热继电器 FR 实现。当电动机出现过载时，主电路中的 FR 双金属片因过热变形，致使控制电路中的 FR 常闭触点断开，切断 KM 线圈回路，电动机停转。

欠、失压保护由接触器 KM 实现。当电源电压由于某种原因降低或失去时，接触器电磁吸力急剧下降或消失，衔铁释放，KM 的触点复位，电动机停转。而当电源电压恢复正常时，只有再次按下启动按钮 SB₂，电动机才会启动，防止因断电后突然来电使电动机自行启动而造成人身或设备安全事故的发生。

【技术手册】

1.点动与长动混合控制

在实际应用中，有些生产机械常常要求既能点动又能长动，长动控制与点动控制的区别是自锁触点是否接入。这种控制的主电路与图 2-7 相同，控制电路图如图 2-8 所示。

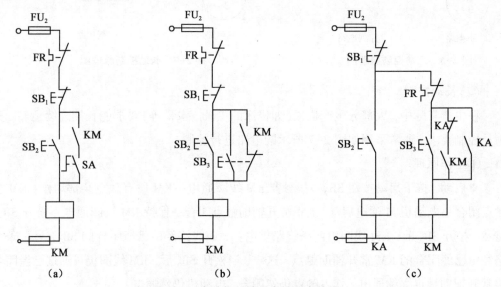

图 2-8　点动与长动混合控制电路图

①带转换开关 SA 的点动与长动混合控制电路如图 2-8(a) 所示。

❖点动：需要点动时将 SA 断开。

❖长动：需要长动时将 SA 合上。

②由两个启动按钮控制的点动与长动混合控制电路如图 2-8(b) 所示。

❖点动：由复合按钮 SB₃ 实现点动控制。

❖长动：由复合按照 SB₂ 实现长动控制。

③利用中间继电器 KA 实现的点动与长动混合控制电路如图 2-8(c) 所示。

当按下 SB₂ 时，KA 线圈得电，其常闭触点断开的同时自锁回路，常开触点闭合使接触器 KM 线圈得电，电动机 M 得电启动运转；松开 SB₂，KA 线圈失电，常开触点分断，接触器 KM 线圈失电，电动机 M 失电停转，实现了点动控制。当按下 SB₃ 时，接触器 KM 线圈得电并自锁，KM 主触点闭合，电动机 M 得电连续运转；需要停机时，按下 SB₁ 即可，实现了长动控制。

可见，电动机长动控制与点动控制的关键环节是自锁触点是否接入。

2.其他三相异步电动机单向直接启动控制方式

（1）多地控制

能在多个地方控制同一台电动机的启动或停止的控制方式，称为电动机的多地控制，其中最常用的是两地控制。

图2-9所示为三相笼型异步电动机单方向旋转的两地控制电路图。其中，SB$_1$和SB$_3$为安装在甲地的停止按钮和启动按钮，SB$_2$和SB$_4$为安装在乙地的停止按钮和启动按钮。电路工作原理如下：启动按钮SB$_3$和SB$_4$是并联的，按下任意一个启动按钮，接触器线圈都能通电并自锁，电动机通电旋转；停止按钮SB$_1$和SB$_2$是串联的，按下任意一个停止按钮，都能使接触器线圈断电，电动机停转。

可见，将所有的启动按钮全部并联在自锁触点两端、所有的停止按钮全部串联在接触器线圈回路，就能实现多地控制。

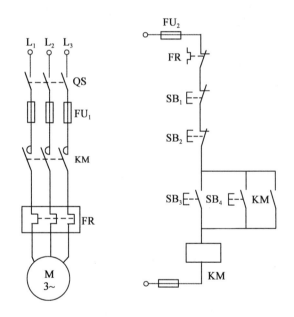

图2-9　单方向旋转的两地控制电路图

（2）顺序控制

在多台电动机拖动的电气设备中，要求电动机有顺序地启动或停止的控制，称为顺序控制。图2-10所示为顺序启动、逆序停止控制电路图。

①顺序启动。在接触器KM$_2$线圈回路中串接了接触器KM$_1$的动合辅助触点，只有KM$_1$线圈得电、KM$_1$动合辅助触点闭合后，按下SB$_4$，KM$_2$线圈才能得电，从而保证了"M$_1$启动后，M$_2$才能启动"的顺序启动控制要求。

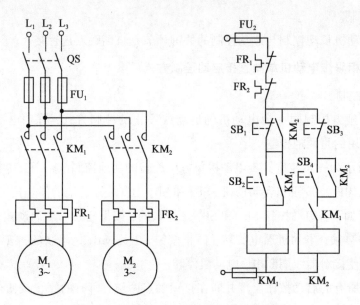

图 2-10 顺序启动、逆序停止控制电路图

②逆序停止。在 SB_1 的两端并联了接触器 KM_2 的动合辅助触点，只有 KM_2 线圈断电、KM_2 的动合辅助触点断开，按下 SB_1，KM_1 线圈才能断电，实现了 "M_2 停止后，M_1 才能停止" 的逆序停止控制要求。

可见，若要求甲接触器工作后才允许乙接触器工作，应在乙接触器线圈电路中串入甲接触器的动合触点；若要求乙接触器线圈断电后才允许甲接触器线圈断电，应将乙接触器的动合触点并联在甲接触器的停止按钮两端。

【问题思考】

①在长动控制电路中，按下启动按钮电动机通电旋转，松开启动按钮电动机断电，试分析出现这一故障的可能原因。

②在长动控制电路中，接通控制电路电源接触器 KM 就频繁通断，试分析出现这一故障的可能原因。

③在长动控制电路中，按下启动按钮电动机通电旋转，按下停止按钮电动机无法停止，试分析出现这一故障的可能原因。

④点动控制电路中为何不安装热继电器？

⑤试分析图 2-8 点动与长动混合控制电路的工作原理。

⑥设计一个控制电路，要求：

❖ M_1 启动 5 s 后 M_2 自行启动，M_2 启动 5 s 后 M_3 自行启动，M_3 启动 5 s 后 M_1，M_2，M_3 同时停止；

❖具有短路、过载、欠（失）压保护。

【实施与评价】

1.工具准备

万用表及螺钉旋具(一字、十字)、剥线钳、尖嘴钳、钢丝钳等常用接线工具。

2.实施步骤

①确定控制方案。根据本任务的任务描述和控制要求,宜选择接触器长动控制方式。

②绘制原理图、标注节点号码,并说明工作原理和具有的保护,如图2-11所示。

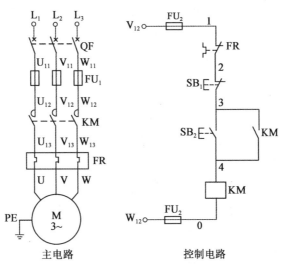

图2-11 长动控制原理图

③绘制元器件布置图、安装接线图,如图2-12所示。

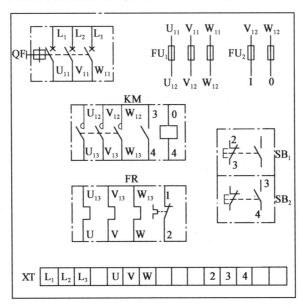

图2-12 三相笼型异步电动机单向直接启动(长动)控制元件布置图、接线图

④选择器件、导线。根据低压断路器、熔断器、接触器、热继电器、复合按钮、端子排、导线的选择原则，结合本任务具体参数(电路额定电压为~380 V、电动机额定电流为15.4 A)，选择本任务所需器件、导线的型号和数量，具体参见表2-1。

表2-1　器材参考表

序号	名称	型号	主要技术数据	数量
1	低压断路器	DZ5-50/300	塑壳式，AC380 V，50 A，3 极，无脱扣器	1
2	熔断器(主电路)	RL1-60/40	螺旋式，AC380 V/400 V，熔管60 A，熔体40 A	3
3	熔断器(控制电路)	RL1-15/2	螺旋式，AC380 V/400 V，熔管15 A，熔体2 A	2
4	交流接触器	CJ20-25	AC380 V，主触点额定电流25 A	1
5	热继电器	JR20-25	热元件号2T，整定电流范围11.6~14.3~17 A	1
6	复合按钮	LA4-2H	具有2对常开触点、2对常闭触点，额定电流5 A	1
7	端子排(主电路)	JX3-25	额定电流25 A	10
8	端子排(控制电路)	JX3-5	额定电流5 A	6
9	导线(主电路)	BVR-6	聚氯乙烯绝缘铜芯软线，6 mm^2	若干
10	导线(控制电路)	BVR-1.5	聚氯乙烯绝缘铜芯软线，1.5 mm^2	若干

⑤检查器件。一是用万用表或目视检查元件数量、质量；二是测量接触器线圈阻抗，为检测控制电路接线是否正确做准备。

⑥固定控制设备并完成接线。根据元件布置图固定控制设备，根据安装接线图完成接线。

注意事项包括：接线前断开电源；初学者应按照主电路、控制电路的先后顺序，由上至下、由左至右依次连接。

具体的工艺要求包括以下几点。

❖布线通道尽可能少、导线长度尽可能短、导线数量尽可能少。

❖同路并行导线按照主电路、控制电路分类集中，单层密排，紧贴安装面布线。

❖同一平面的导线应高低一致或前后一致，走线合理，不能交叉或架空。

❖对螺栓式接点，导线按照顺时针方向弯圈；对压片式接点，导线可直接插入压紧；不能压绝缘层，也不能露铜过长。

❖布线应横平竖直、分布均匀，变换走向时应垂直。

❖严禁损坏导线绝缘层和线芯。

❖一个接线端子上的连接导线不宜多于两根。

❖进出线应合理汇集在端子排上。

⑦检查测量。

❖电源电压。用万用表测量电源电压是否正常。

❖主电路。断开电源进线开关QF，用手动按下接触器衔铁代替接触器通电吸合，检查测量主电路连接是否正确及是否有短路、开路点。

❖控制电路。用万用表检测控制电路时，必须取下控制回路熔断器FU_2，选用能准确显示线圈阻值的电阻挡并校零，以防止无法测量或短路事故的发生。具体操作包括以下三步：

一是断开电源进线开关QF，万用表表笔搭接在FU_2的0，1端，读数应为∞；

二是按下启动按钮SB_2，或者手动按下KM的衔铁，读数均应为已测出的线圈阻值；

三是在按下启动按钮SB_2，或者手动按下KM衔铁的同时，按下停止按钮SB_1，或者断开热继电器FR的常闭触点，读数均应为∞。

⑧通电试车。

安上控制回路熔断器FU_2，合上电源进线开关QF，按下启动按钮，接触器应动作并能自保持，电动机通电旋转；按下停止按钮，接触器应复位，电动机断电，惯性停止。

若电动机旋转方向与工艺要求相反，可改变三相电源中任意两相电源的相序。

【学习评价】

填写《电气控制安装接线评价表》（见表2-2），操作时间：100分钟。

表2-2　电气控制安装接线评价表

班级：　　　　　被评学生姓名：　　　　　学号：　　　　　评分学生姓名：

项目	配分	评分要素	评分标准	自评得分	互评得分	师评得分
准备工作	5	准备万用表、接线工具	每少准备一件扣1分			
绘图识图	10	①能绘制原理图并标注节点	①不能绘制原理图并完成节点标注扣5分			
		②能说明工作原理、保护	②不能说明工作原理、保护扣5分			
		③能绘制元件布置图、安装接线图	③不能绘制元件布置图、安装接线图扣5分			
选择器材	10	①能合理选择所需器件；②能合理选择导线	①不能合理选择器件，每件扣2分；②不能合理选择导线扣2分			

表 2-2(续)

项目	配分	评分要素	评分标准	自评得分	互评得分	师评得分
查测元件	5	①检查元件数量、质量	①未检查元件数量、质量,每件扣 2 分			
		②测量线圈阻抗	②未测量线圈阻抗扣 2 分			
安装接线工艺要求	30	①按图接线	①不按图接线扣 5 分			
		②布线符合要求	②主电路、控制电路布线错误扣 5 分			
		③采用板前配线	③未采用板前配线扣 5 分			
		④接点牢固	④接点松动、露铜过长(从外沿计算,大于 1 mm)、压绝缘层、反圈,每处扣 1 分			
		⑤导线弯角成 90°	⑤布线弯角不接近 90°,每处扣 1 分			
		⑥不损伤导线、元件	⑥损伤导线绝缘层或线芯、损坏元件,每处(件)扣 1 分			
		⑦各方向上要互相垂直或平行,导线排列平整、美观	⑦布线有明显交叉,每处扣 1 分;整体布线较乱扣 5 分			
检查测量	10	①检查电源是否正常	①上电前未检查电源电压是否符合要求扣 5 分;未检查熔断器扣 3 分;未采用防护措施扣 5 分			
		②检查主电路、控制电路连接是否正确	②未检查主电路、控制电路连接是否正确扣 5 分			
通电试车	30	能按照被控设备的动作要求正常运行	不能正常运行扣 30 分			
安全文明生产	从总分中扣	①能遵守国家或企业、实训室有关安全规定	①每违反一项规定扣 5 分(严重违规者停止操作)			
		②能在规定的时间内完成	②每超时 1 分钟扣 5 分(提前完成不加分;超时 3 分钟停止操作)			
合计	100					

学生得分=学生自评分×30%+同学互评分×30%+教师评分×40%=

任务三　三相异步电动机正、反转运行控制电路的装接

【必备知识】

在实际应用中，往往要求生产机械改变运动方向，如工作台前进、后退，机床主轴的正向、反向运动，电梯的上升、下降等，这就要求电动机能实现正、反转运行。

从电动机原理得知，改变三相异步电动机定子绕组的电源相序，就可以改变电动机的旋转方向。在实际应用中，经常通过两个接触器改变电源相序的方法来实现电动机正、反转控制。

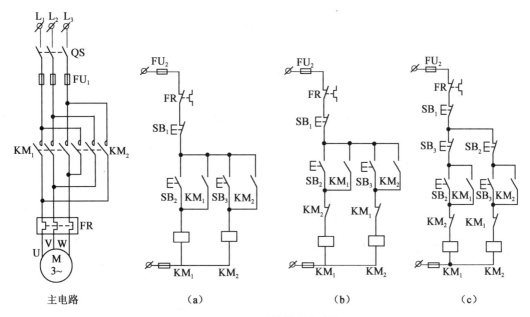

图 2-13　正、反转控制电路图

1.没有互锁的正、反转控制

图 2-13（a）所示为接触器实现的电动机正、反转控制电路图，其工作原理如下：

①正向启动。按下正转启动按钮 SB_2→正向接触器 KM_1 线圈通电→KM_1 所有触点动作：

KM_1 主触点闭合→电动机 M 正向启动；

KM_1 常开辅助触点闭合→自锁。

②停止。按下停止按钮 SB_1→KM_1 线圈断电→KM_1 所有触点复位：

KM_1 主触点断开→M 断电；

KM_1 常开辅助触点断开→解除自锁。

③反向启动。按下反转启动按钮 SB_3→反向接触器 KM_2 线圈通电→KM_2 所有触点

动作：

KM$_2$ 主触点闭合→M 反向启动；

KM$_2$ 常开辅助触点闭合→自锁。

该控制电路虽然可以完成正、反转的控制任务，但有一个最大的缺点：若在按下 SB$_2$ 后又误按下 SB$_3$，则 KM$_1$ 和 KM$_2$ 均得电，这将造成 L$_1$ 和 L$_3$ 两相短路，所以实际应用中这个电路是不存在的。

2.电气互锁的正、反转控制

为了避免误操作引起电源短路事故，必须保证图 2-13(a)中的两个接触器不能同时工作。图 2-13(b)成功地解决了这个问题：在正、反向两个接触器线圈回路中互串一个对方的常闭触点即可。其工作原理如下。

①正向启动。按下正转启动按钮 SB$_2$→正向接触器 KM$_1$ 线圈通电→KM$_1$ 所有触点动作：

KM$_1$ 主触点闭合→电动机 M 正向启动；

KM$_1$ 常开辅助触点闭合→自锁；

KM$_1$ 常闭辅助触点断开→断开了反向接触器 KM$_2$ 线圈通电路径。

②停止。按下停止按钮 SB$_1$→KM$_1$ 线圈断电→KM$_1$ 所有触点复位：

KM$_1$ 主触点断开→M 断电；

KM$_1$ 常开辅助触点断开→解除自锁；

KM$_1$ 常闭辅助触点闭合→为 KM$_2$ 线圈通电做准备。

③反向启动。按下反转启动按钮 SB$_3$→反向接触器 KM$_2$ 线圈通电→KM$_2$ 所有触点动作：

KM$_2$ 主触点闭合→M 反向启动；

KM$_2$ 常开辅助触点闭合→自锁；

KM$_2$ 常闭辅助触点断开→断开了 KM$_1$ 线圈通电路径。

这种在同一时间里两个接触器只允许一个工作的控制，称为互锁(或联锁)；这种利用接触器常闭辅助触点实现的互锁，称为电气互锁。

该控制电路虽然能够避免因误操作而引起电源短路事故，但也有不足之处，即只能实现电动机的"正转—停止—反转—停止"控制，无法实现"正转—反转"的直接控制，这给某些操作带来了不便。

3.双重互锁正、反转控制

为了解决图 2-13(b)中电动机不能从一个转向直接过渡到另一个转向的问题，在生产实际中常采用图 2-13(c)所示的双重互锁正、反转控制电路。

（1）工作原理

①正向启动。按下正转启动按钮 SB_2：

❖ SB_2 常闭触点断开→断开了反向接触器 KM_2 线圈通电路径；

❖ SB_2 常开触点闭合→正向接触器 KM_1 线圈通电→KM_1 所有触点动作：

KM_1 主触点闭合→电动机 M 正向启动；

KM_1 常开辅助触点闭合→自锁；

KM_1 常闭辅助触点断开→电气互锁。

②反向启动。按下反转启动按钮 SB_3：

❖ SB_3 常闭触点断开→KM_1 线圈断电→KM_1 所有触点复位：

KM_1 主触点断开→M 断电；

KM_1 常开辅助触点断开→解除自锁；

KM_1 常闭辅助触点闭合→解除互锁。

❖ SB_3 常开触点闭合→反向接触器 KM_2 线圈通电→KM_2 所有触点动作：

KM_2 主触点闭合→M 反向启动；

KM_2 常开辅助触点闭合→自锁；

KM_2 常闭辅助触点断开→电气互锁。

③停止。按下停止按钮 SB_1→KM_1（或 KM_2）线圈断电→KM_1（或 KM_2）所有触点复位→M 断电。

该控制由于既有"电气互锁"，又有由复式按钮的常闭触点组成的"机械互锁"，故称为"双重互锁"。

（2）实现保护

①短路保护：主电路和控制电路的短路保护分别由熔断器 FU_1，FU_2 实现。

②过载保护：由热继电器 FR 实现。

③欠、失压保护：由接触器 KM_1，KM_2 实现。

④双重互锁保护：由复合按钮 SB_1，SB_2 的常闭触点和接触器 KM_1，KM_2 的常闭辅助触点实现。

【技术手册】

工作台自动往复运动控制

1.结构组成

图 2-14 所示为机床工作台自动往复运动示意图。将行程开关 SQ_1 安装在右端需要进行反向运行的位置 A 上，行程开关 SQ_2 安装在左端需要进行反向运行的位置 B 上，撞块安装在由电动机拖动的工作台等运动部件上，极限位置保护行程开关 SQ_3，SQ_4 分别安

装在行程开关 SQ_1，SQ_2 后面。

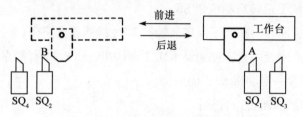

图 2-14　机床工作台自动往复运动示意图

2.工作原理

图 2-15 所示为自动往复循环控制电路图，电路工作原理如下：

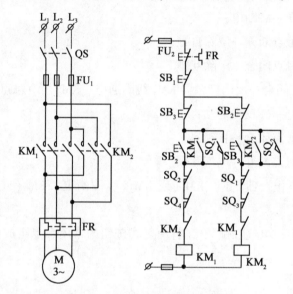

图 2-15　自动往复循环控制电路图

①启动。按下启动按钮 $SB_2(SB_3)$：

$SB_2(SB_3)$ 常闭触点断开→断开了 $KM_2(KM_1)$ 线圈通电路径；

$SB_2(SB_3)$ 常开触点闭合→$KM_1(KM_2)$ 线圈通电→$KM_1(KM_2)$ 所有触点动作：

$KM_1(KM_2)$ 主触点闭合→电动机拖动运动部件向左(右)运动；

$KM_1(KM_2)$ 常开辅助触点闭合→自锁；

$KM_1(KM_2)$ 常闭辅助触点断开→互锁。

②自动往复循环。当运动部件运动到位置 B(A)时，撞块碰到行程开关 $SQ_2(SQ_1)$→$SQ_2(SQ_1)$ 所有触点动作：

$SQ_2(SQ_1)$ 常闭触点先断开→$KM_1(KM_2)$ 线圈断电→$KM_1(KM_2)$ 所有触点复位：

$KM_1(KM_2)$ 主触点断开→电动机断电；

$KM_1(KM_2)$ 常开辅助触点断开→解除自锁；

$KM_1(KM_2)$ 常闭辅助触点闭合→解除互锁。

$SQ_2(SQ_1)$ 常开触点后闭合→$KM_2(KM_1)$ 线圈通电→$KM_2(KM_1)$ 所有触点动作：

$KM_2(KM_1)$ 主触点闭合→电动机拖动运动部件向右(左)运动；

$KM_2(KM_1)$ 常开辅助触点闭合→自锁；

$KM_2(KM_1)$ 常闭辅助触点断开→互锁。

如此周而复始自动往复工作。

③停止。按下停止按钮 SB_1→KM_1(或 KM_2)线圈断电→KM_1(或 KM_2)所有触点复位→电动机 M 断电。

3.实现保护

①短路保护：主电路和控制电路的短路保护分别由熔断器 FU_1，FU_2 实现。

②过载保护：由热继电器 FR 实现。当电动机出现过载时，主电路中的 FR 双金属片因过热变形，致使控制电路中的 FR 常闭触点断开，切断 KM 线圈回路，电动机停转。

③欠、失压保护：由接触器 KM_1，KM_2 实现。

④极限位置保护：由行程开关 SQ_3，SQ_4 实现。当行程开关 SQ_1 或 SQ_2 失灵时，则由后备极限保护行程开关 SQ_3 或 SQ_4 实现保护，避免运动部件因超出极限位置而发生事故，只是不能自动返回。

【问题思考】

①设置按钮互锁的目的是什么？

②在工作台自动往复循环控制电路中，若工作台无法自动返回，能否手动返回？

③设计一个单台三相异步电动机控制电路，同时满足以下要求：

❖能实现点动与长动混合控制；

❖能两地控制这台电动机；

❖能实现正、反转；

❖具有短路、过载、欠(失)压保护。

【实施与评价】

1.工具准备

同任务二的"实施与评价"。

2.实施步骤

(1)确定控制方案

根据本任务的任务描述和控制要求，宜选择双重互锁正、反转控制方式。

(2)绘制原理图、标注节点号码，并说明工作原理和具有的保护

如图 2-16 所示。

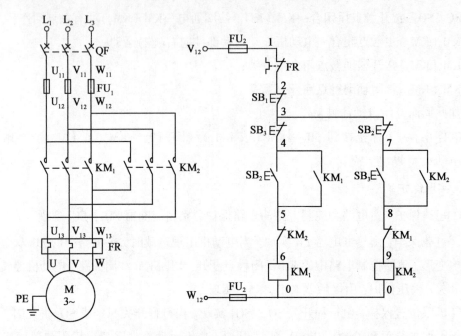

图 2-16　三相异步电动机双重互锁正、反转控制的原理图

（3）绘制元器件布置图、安装接线图

如图 2-17 所示。

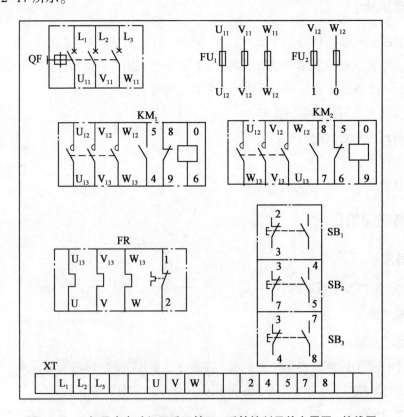

图 2-17　三相异步电动机双重互锁正、反转控制元件布置图、接线图

（4）选择器件、导线

根据低压断路器、熔断器、接触器、热继电器、复合按钮、端子排、导线的选择原则，结合本任务具体参数（电路额定电压为~380 V、电动机额定电流为15.4 A），选择本任务所需器件、导线的型号和数量。具体参见表2-3。

表2-3　器材参考表

序号	名称	型号	主要技术数据	数量
1	低压断路器	DZ5-50/300	塑壳式，AC380 V，50 A，3 极，无脱扣器	1
2	熔断器（主电路）	RL1-60/40	螺旋式，AC380 V/400 V，熔管 60 A，熔体 40 A	3
3	熔断器（控制电路）	RL1-15/2	螺旋式，AC380 V/400 V，熔管 15 A，熔体 2 A	2
4	交流接触器	CJ20-25	AC380 V，主触点额定电流 25 A	2
5	热继电器	JR20-25	热元件号 2T，整定电流范围 11.6~14.3~17 A	1
6	复合按钮	LA4-3H	具有 3 对常开触点、3 对常闭触点，额定电流 5 A	1
7	端子排（主电路）	JX3-25	额定电流 25 A	10
8	端子排（控制电路）	JX3-5	额定电流 5 A	8
9	导线（主电路）	BVR-6	聚氯乙烯绝缘铜芯软线，6 mm²	若干
10	导线（控制电路）	BVR-1.5	聚氯乙烯绝缘铜芯软线，1.5 mm²	若干

（5）检查器件

同任务二的"实施与评价"。

（6）固定控制设备并完成接线

根据元件布置图固定控制设备，根据安装接线图完成接线。

①注意事项。接触器 KM_1 主触点接通时，进入电动机的电源相序是 L_1—L_2—L_3；接触器 KM_2 主触点接通时，进入电动机的电源相序是 L_3—L_2—L_1。

②工艺要求。同任务二的"实施与评价"。

（7）检查测量

①电源电压。用万用表测量电源电压是否正常。

②主电路。断开电源进线开关 QF，手动按下接触器衔铁代替接触器通电吸合，检查测量主电路连接是否正确，是否有短路、开路点。

③控制电路。用万用表检测控制电路时，必须取下控制回路熔断器 FU_2，选用能准确显示线圈阻值的电阻挡并校零，以防止无法测量或短路事故的发生。

❖取下控制回路熔断器 FU_2，万用表表笔搭接在 FU_2 的 0，1 端，读数应为∞；

❖按下启动按钮 SB_2（SB_3），或者手动压下 KM_1（KM_2）衔铁，读数均应为接触器 KM_1（KM_2）线圈的阻值；

❖用导线同时短接 KM_1，KM_2 的自锁触点，读数应为接触器 KM_1，KM_2 线圈并联的

阻值;

❖同时按下 SB_2 和 SB_3，或者同时压下 KM_1 和 KM_2 的衔铁，读数均应为∞；

❖在按下启动按钮 $SB_2(SB_3)$，或者手动压下 $KM_1(KM_2)$ 衔铁的同时，按下停止按钮 SB_1，或者断开热继电器 FR 的常闭触点，读数均应为∞。

（8）通电试车

安上控制回路熔断器 FU_2，合上电源进线开关 QF。按下正向启动按钮 SB_2，接触器 KM_1 应动作并能自保持，电动机正向启动；按反向启动按钮 SB_3，KM_1 应断电，同时 KM_2 得电并自锁，电动机反向启动；按下停止按钮 SB_1，接触器 KM_2 应断电，电动机断电惯性停止。

【学习评价】

填写《电气控制安装接线评价表》（见表2-2），操作时间：100分钟。

任务四　三相异步电动机降压启动控制电路的装接

【必备知识】

降压启动是指降低加在电动机定子绕组上的电压（以降低启动电流、减小启动冲击），待电动机启动后再将电压恢复到额定值（使之在额定电压下运行）的启动方式。

电动机若满足下述三个条件中的一个，就可以降压启动：

①电动机额定容量不小于 10 kW；

②电动机额定容量不小于专用电源变压器容量的 20%；

③满足经验公式：

$$I_{st}/I_N \geqslant 3/4 + S/(4P_N) \qquad (2-2)$$

式中：I_{st}——电动机启动电流，A；

　　I_N——电动机额定电流，A；

　　S——电源容量，$kV \cdot A$；

　　P_N——电动机额定功率，kW。

三相异步电动机常用的降压启动方法有：Y-△（星形-三角形）降压启动、定子绕组串电阻降压启动、自耦变压器降压启动、软启动控制等。

1.Y-△（星形-三角形）降压启动

这种降压启动方式既可以由时间继电器自动实现，也可以由按钮手动实现。

（1）工作原理

①时间继电器控制的 Y-△ 降压启动控制电路图如图 2-18 所示。

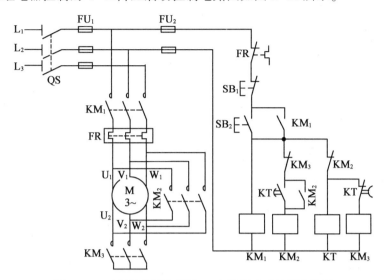

图 2-18 时间继电器控制的 Y-△ 降压启动控制电路图

第一步，Y 降压启动。按下启动按钮 $SB_2 \rightarrow KM_1$，KM_3，KT 线圈同时通电：

接触器 KM_1 线圈通电 $\rightarrow KM_1$ 所有触点动作：

KM_1 主触点闭合 $\rightarrow$ 接入三相交流电源；

KM_1 常开辅助触点闭合 $\rightarrow$ 自锁。

接触器 KM_3 线圈通电 $\rightarrow KM_3$ 所有触点动作：

KM_3 主触点闭合 $\rightarrow$ 将电动机定子绕组接成星形 $\rightarrow$ 使电动机每相绕组承受的电压为三角形连接时的 $1/\sqrt{3}$、启动电流为三角形直接启动电流的 $1/3 \rightarrow$ 电动机降压启动；

KM_3 常闭辅助触点断开 $\rightarrow$ 互锁。

时间继电器 KT 线圈通电 $\rightarrow$ 开始延时 $\rightarrow$ 第二步。

第二步，△ 全压运行。延时结束(转速上升到接近额定转速时) $\rightarrow$ KT 触点动作：

KT 常闭触点断开 $\rightarrow KM_3$ 线圈断电 $\rightarrow KM_3$ 所有触点复位：

KM_3 主触点断开 $\rightarrow$ 解开封星点；

KM_3 常闭辅助触点闭合 $\rightarrow$ 为 KM_2 线圈通电做准备。

KT 常开触点闭合 $\rightarrow KM_2$ 线圈通电 $\rightarrow KM_2$ 所有触点动作：

KM_2 主触点闭合 $\rightarrow$ 将电动机定子绕组接成三角形 $\rightarrow$ 电动机全压运行；

KM_2 常开辅助触点闭合 $\rightarrow$ 自锁；

KM_2 常闭辅助触点断开(互锁) $\rightarrow$ KT 线圈断电 $\rightarrow$ KT 所有触点瞬时复位(避免了时间继电器长期无效工作)。

②按钮控制的 Y-△ 降压启动控制电路图如图 2-19 所示。

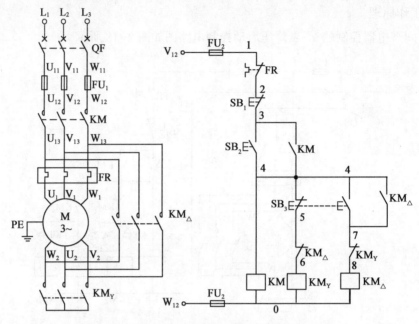

图 2-19 按钮控制的 Y-△ 降压启动控制电路图

❖Y 降压启动。按下 Y 启动按钮 SB$_2$→KM, KM$_Y$ 线圈同时通电：

接触器 KM 线圈通电→KM 所有触点动作：

KM 主触点闭合→接入三相交流电源；

KM 常开辅助触点闭合→自锁。

接触器 KM$_Y$ 线圈通电→KM$_Y$ 所有触点动作：

KM$_Y$ 主触点闭合→将电动机定子绕组接成星形→电动机降压启动；

KM$_Y$ 常闭辅助触点断开→互锁。

❖△全压运行。当转速上升到接近额定转速时，按下 △ 运行按钮 SB$_3$→SB$_3$ 触点动作：

SB$_3$ 常闭触点先断开→KM$_Y$ 线圈断电→KM$_Y$ 所有触点复位：

KM$_Y$ 主触点断开→解开封星点；

KM$_Y$ 常闭辅助触点闭合→为 KM$_\triangle$ 线圈通电做准备。

SB$_3$ 常开触点后闭合→KM$_\triangle$ 线圈通电→KM$_\triangle$ 所有触点动作：

KM$_\triangle$ 主触点闭合→将电动机定子绕组接成三角形→电动机全压运行；

KM$_\triangle$ 常开辅助触点闭合→自锁；

KM$_\triangle$ 常闭辅助触点断开→互锁。

（2）特点

在所有降压启动控制方式中，Y-△降压启动控制方式结构最简单、价格最便宜，并且当负载较轻时，可一直 Y 运行以节约电能。

但是，Y-△降压启动控制方式在限制启动电流的同时，启动转矩也降为三角形直接启动时的1/3。因此，它只适用于空载或轻载启动的场合，并且只适用于正常运行时定子绕组接成三角形的三相笼型电动机。

2.定子绕组串电阻降压启动

（1）工作原理

定子绕组串电阻降压启动控制电路图如图2-20所示。

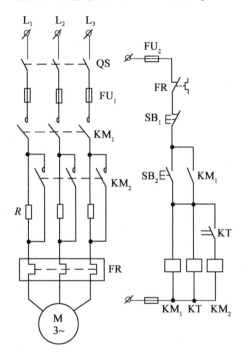

图2-20 定子绕组串电阻降压启动控制电路图

①降压启动。按下启动按钮 SB_2→KM_1，KT 线圈同时通电：

接触器 KM_1 线圈通电→KM_1 所有触点动作：

KM_1 主触点闭合→接入三相交流电源→电动机降压启动（电动机三相定子绕组由于串联了电阻 R 而使其电压降低，从而降低了启动电流）；

KM_1 常开辅助触点闭合→自锁。

时间继电器 KT 线圈通电→开始延时→②。

②全压运行。延时结束（转速上升到接近额定转速时）→KT 常开触点闭合→KM_2 线圈通电→KM_2 主触点闭合（将主电路电阻 R 短接切除）→电动机全压运行。

该电路在启动结束后，KM_1，KM_2，KT 三个线圈都通电，这不仅会消耗电能、减少电器的使用寿命，也是不必要的。如何使电路启动后通电线圈个数最少，请读者自行设计其主电路和控制电路。

（2）特点

定子绕组串电阻降压启动的方法虽然所需设备简单，但电能损耗较大。为了节省电能，可采用电抗器代替电阻，但成本较高。

3.自耦变压器降压启动

自耦变压器一般有 65%，85% 等抽头，改变抽头的位置可以获得不同的输出电压。降压启动用的自耦变压器称为启动补偿器。

（1）工作原理

XJ01 系列启动补偿器实现降压启动的控制电路图如图 2-21 所示。

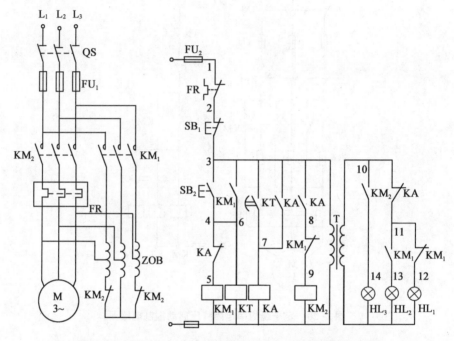

图 2-21 XJ01 系列启动补偿器实现降压启动的控制电路图

①降压启动。合上电源开关 QS→指示灯 HL_1 亮（显示电源电压正常），按下启动按钮 SB_2→接触器 KM_1、时间继电器 KT 线圈同时通电：

KM_1 线圈通电→KM_1 所有触点动作：

KM_1 主触点闭合→电动机定子绕组接自耦变压器二次侧电压降压启动；

KM_1（8-9）断开→互锁；

KM_1（11-12）断开→电源指示灯 HL_1 灭；

KM_1（3-6）闭合→自锁；

KM_1（11-13）闭合→HL_2 亮（显示电动机正在进行降压启动）。

KT 线圈通电→开始延时→②。

②全压运行。当电动机转速上升到接近额定转速时，KT 延时结束→KT（3-7）闭

合→中间继电器 KA 线圈通电→KA 所有触点动作：

KA(3-7)闭合→自锁；

KA(10-11)断开→指示灯 HL_2 断电熄灭。

KA(4-5)断开→KM_1 线圈断电→KM_1 所有触点复位：

KM_1 主触点断开→切除自耦变压器；

KM_1(3-6)断开→KT 线圈断电→KT(3-7)瞬时断开；

KM_1(11-13)断开；

KM_1(8-9)闭合；

KM_1(11-12)闭合。

KA(3-8)闭合→KM_2 线圈通电→KM_2 所有触点动作：

KM_2 主触点闭合→电动机定子绕组直接接电源全电压运行；

KM_2 常闭辅助触点断开→解开自耦变压器的星点；

KM_2(10-14)闭合→指示灯 HL_3 亮(显示降压启动结束，进入正常运行状态)。

值得注意的是，KT(3-7)只是在时间继电器 KT 延时结束时瞬时闭合一下随即断开，在 KT(3-7)断开之前，KA(3-7)已经闭合自锁。

(2)特点

由电动机原理可知：当利用自耦变压器将启动电压降为额定电压的 $1/K$ 时，启动电流、启动转矩将降为直接启动的 $1/K^2$，因此，自耦变压器降压启动常用于空载或轻载启动。

【技术手册】

软启动控制

上述几种降压启动方法虽然能够达到降低启动电流的目的，但这些方法的电压调节是不连续的，电动机启动过程中仍存在较大的冲击电流和冲击力矩，没有从根本上解决启动时的冲击问题。

交流异步电动机的软启动控制成功地解决了这个问题。所谓软启动，是指启动过程中被控电动机电压由起始电压平滑地增加到全电压，其转速相应地由零平滑地加速至额定转速的全过程；所谓软制动，是指制动过程中被控电动机电压由全电压平滑地降至零，其转速相应地由额定值平滑地减小至零的全过程。

1.软启动控制器工作原理简介

图 2-22 所示为 ICM 系列软启动器工作原理框图。电动机软启动器主要由电压检测回路、电流检测回路、微处理器(CPU)、存储器、可控硅(SCR)、触发回路、内置接触器

（KM）、显示器、操作键盘等部分组成。

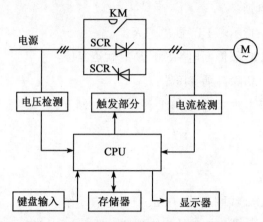

图 2-22　ICM 系列软启动器工作原理框图

启动时，CPU 接受键盘输入命令，检测电动机回路的可靠性，调用存储器预置的数据，控制 SCR 导通角，以改变电动机输入电压，从而达到限制启动电流、保证电动机平稳启动的目的。CPU 还通过内部检测回路判断电动机启动是否结束，当启动结束时，将内置 KM 触点无流合上，电动机进入正常工作状态。

停止时，KM 触点无流断开，将电流切换到 SCR 回路，CPU 通过控制 SCR 导通角，使电动机电压平滑降到零，电动机平稳停机。

电动机工作时，软启动器内的检测器一直监视电动机的运行状态，并将检测到的数据传送给 CPU 进行处理。CPU 将检测参数进行分析、存储、显示。

2.主要启动、停车方式

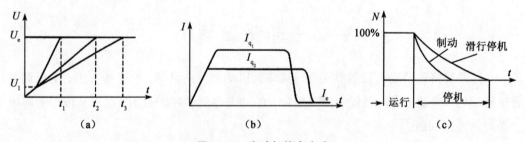

图 2-23　启动与停车方式

图 2-23（a）所示为电压斜坡启动方式。启动时，电压迅速上升到初始电压 U_1，然后依设定启动时间 t 逐渐上升，直至达到电网额定电压 U_e。

图 2-23（b）所示为限流启动方式。启动时，输入电压从零迅速增加，直到输出电流上升到设定的限流值 I_q，然后在保证输出电流不大于 I_q 的情况下，电压逐渐上升，电动机加速，完成启动过程。

图 2-23（c）所示为软停车方式。通过控制电压的下降时间，延长停车时间以减轻停

车过程中受到的冲击。

3.基本控制电路

图 2-24 所示为带旁路接触器的软启动器控制电路图。当按下启动按钮 SB₁ 后，软启动器按设定方式工作，电动机在设定电流和电压方式下启动；启动结束后，KA 继电器线圈通电，旁路接触器 KM₁ 线圈通电，KM₁ 常开触点无流闭合，SCR 退出。当要停止电动机工作时，按下停止按钮 SB₂，此时软启动器投入工作，KA 线圈断电，KM₁ 无流断开，软启动器按设定方式对电动机进行制动减速。

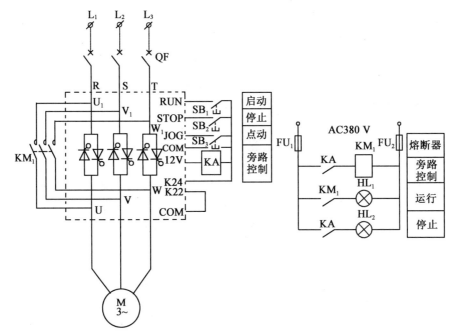

图 2-24　带旁路接触器的软启动器控制电路图

4.特点

① 消除了冲击电流、冲击力矩对电网、设备的负面影响。

② 采用晶闸管无触点控制，装置使用寿命长、故障率低。

③ 集电动机的控制、监测、保护功能于一体，节电、安全、功能强。

④ 实现了以最小起始电压（电流）获得最佳转矩的控制效果。

【实施与评价】

1.工具准备

同任务二的"实施与评价"。

2.实施步骤

(1)确定控制方案

根据本任务的任务描述和控制要求,宜选择按钮控制的 Y-△降压启动控制方式。

(2)绘制原理图、标注节点号码,并说明工作原理和具有的保护

如图 2-19 所示。

(3)绘制元器件布置图、安装接线图

如图 2-25 所示。

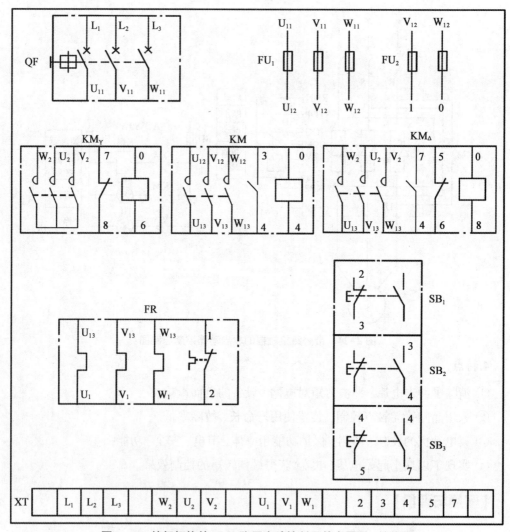

图 2-25 按钮切换的 Y-△降压启动控制元件布置图、接线图

(4)选择器件、导线

根据低压断路器、熔断器、接触器、热继电器、复合按钮、端子排、导线的选择原则,结合本任务具体参数(电路额定电压为~380 V、电动机额定电流为 15.4 A),选择本

任务所需器件、导线的型号和数量。具体参见表2-4。

表2-4 器材参考表

序号	名称	型号	主要技术数据	数量
1	低压断路器	DZ5-50/300	塑壳式，AC380 V，50 A，3极，无脱扣器	1
2	熔断器（主电路）	RL1-60/40	螺旋式，AC380 V/400 V，熔管60 A，熔体40 A	3
3	熔断器（控制电路）	RL1-15/2	螺旋式，AC380 V/400 V，熔管15 A，熔体2 A	2
4	交流接触器	CJ20-25	AC380 V，主触点额定电流25 A	3
5	热继电器	JR20-25	热元件号2T，整定电流范围11.6~14.3~17 A	1
6	复合按钮	LA4-3H	具有3对常开触点、3对常闭触点，额定电流5 A	1
7	端子排（主电路）	JX3-25	额定电流25 A	12
8	端子排（控制电路）	JX3-5	额定电流5 A	8
9	导线（主电路）	BVR-6	聚氯乙烯绝缘铜芯软线，6 mm^2	若干
10	导线（控制电路）	BVR-1.5	聚氯乙烯绝缘铜芯软线，1.5 mm^2	若干

（5）检查器件

同任务二的"实施与评价"。

（6）固定控制设备并完成接线

根据元件布置图固定控制设备，根据安装接线图完成接线。

①注意事项：

❖接线前断开电源；

❖必须拆开电动机接线盒内的连接片，确保有6个独立的接线端子；

❖保证绕组三角形连接的正确性，即 U_1 与 W_2、V_1 与 U_2、W_1 与 V_2 相连接；

❖接触器 KM_Y 的进线必须从三相定子绕组的末端引入，若误将其从首端引入，则 KM_Y 吸合时会产生三相电源短路事故。

②工艺要求：同任务二的"实施与评价"。

（7）检查测量

①电源电压。用万用表测量电源电压是否正常。

②主电路。断开电源进线开关 QF，手动按下接触器衔铁代替接触器通电吸合，检查测量主电路连接是否正确，是否有短路、开路点。

③控制电路。取下控制回路熔断器 FU_2，万用表表笔搭接在 FU_2 的0，1端，读数应为∞；按下启动按钮 SB_2，或者手动按下 KM 的衔铁，读数均应为接触器 KM 和 KM_Y 线圈电阻的并联值；同时按下 SB_2 和 SB_3，或者同时压下 KM 和 $KM_\triangle$ 的衔铁，读数均应为接触器 KM 和 $KM_\triangle$ 线圈电阻的并联值；在按下启动按钮 SB_2，或者手动按下 KM 衔铁的同时，按下停止按钮 SB_1，或者断开热继电器 FR 的常闭触点，读数均应为∞。

（8）通电试车

安上控制回路熔断器 FU$_2$，合上电源进线开关 QF，按下星启动按钮 SB$_2$，接触器 KM，KM$_Y$ 应动作并能自保持，电动机降压启动；按下角运行按钮 SB$_3$，KM$_Y$ 应断电，同时 KM$_\triangle$ 得电并自锁，电动机全压运行；按下停止按钮 SB$_1$，接触器 KM，KM$_\triangle$ 应断电，电动机断电惯性停止。

【学习评价】

填写《电气控制安装接线评价表》（见表 2-2），操作时间：100 分钟。

【问题思考】

①设计一个定子绕组串电阻降压启动控制电路，要求启动结束后，只有一个接触器线圈通电以节约电能、提高电器的使用寿命。

②图 2-21 所示的 XJ01 系列启动补偿器实现降压启动的控制电路中，在 KT（3-7）断开之前，KA（3-7）已经闭合自锁。试分析其动作先后过程。

③图 2-21 所示的 XJ01 系列启动补偿器实现降压启动的控制电路中，电动机由降压启动到全压运行过程中，KM（11-13）和 KA（10-11）哪个先断开了指示灯 HL$_2$？

任务五　三相异步电动机制动控制电路的装接

【必备知识】

三相异步电动机定子绕组脱离电源后，由于惯性作用，转子需经过一段时间才能停止转动。而某些生产工艺要求电动机能迅速而准确地停车，这时就要对电动机进行制动。制动的方式有机械制动和电气制动两种。

机械制动是在电动机断电后利用机械装置使电动机迅速停转，其中电磁抱闸制动就是常用的方法。电磁抱闸由制动电磁铁和闸瓦制动器组成，分为断电制动型和通电制动型。进行机械制动时，将制动电磁铁线圈的电源切断或接通，通过机械抱闸制动电动机。

电气制动是产生一个与原来转动方向相反的电磁力矩，从而使电动机转速迅速下降。常用的电气制动方法有能耗制动和反接制动。

能耗制动的实质就是在电动机脱离三相交流电源后，在定子绕组上加一个直流电源，产生一个静止磁场，惯性转动的转子在磁场中切割静止的磁力线，产生与惯性转动方向相反的电磁转矩，从而对转子起制动作用。这种制动方法是将电动机转子旋转的动能转变为电能并消耗掉，故称为能耗制动。

能耗制动既可以由时间继电器（按时间原则）进行控制，也可以由速度继电器（按速度原则)进行控制。

1. 工作原理

(1) 单向能耗制动控制电路图

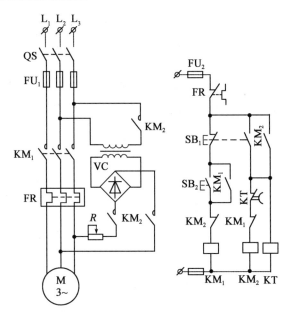

图 2-26　按照时间原则控制的单向能耗制动控制电路图

图 2-26 所示为按照时间原则控制的单向能耗制动控制电路图,图中 KM_1 为单向旋转接触器,KM_2 为能耗制动接触器,VC 为桥式整流电路。

①启动。按下启动按钮 SB_2→KM_1 线圈通电→KM_1 所有触点动作:

KM_1 主触点闭合→电动机单向启动;

KM_1 常开辅助触点闭合→自锁;

KM_1 常闭辅助触点断开→互锁。

②制动。按下停止按钮 SB_1→SB_1 的所有触点动作:

❖SB_1 常闭触点先断开→KM_1 线圈断电→KM_1 所有触点复位:

KM_1 主触点断开→电动机定子绕组脱离三相交流电源;

KM_1 常开辅助触点断开→解除自锁;

KM_1 常闭辅助触点闭合→为 KM_2 线圈通电做准备。

❖SB_1 常开触点后闭合→KM_2,KT 线圈同时通电:

KM_2 线圈通电→KM_2 所有触点动作:

KM_2 主触点闭合→将两相定子绕组接入直流电源进行能耗制动;

KM_2 常开辅助触点闭合→自锁;

KM_2 常闭辅助触点断开→互锁。

KT 线圈通电→开始延时→当转速接近零时 KT 延时结束→KT 常闭触点断开→KM_2

线圈断电→KM₂所有触点复位：

KM₂主触点断开→制动过程结束；

KM₂常开辅助触点断开→KT线圈断电→KT常闭触点瞬时闭合；

KM₂常闭辅助触点闭合。

这种制动电路制动效果较好，但所需设备多、成本高。当电动机功率在 10 kW 以下且制动要求不高时，可采用无变压器的单管能耗制动控制电路。

图 2-27 所示为单管能耗制动电路图。该电路采用无变压器的单管半波整流作为直流电源，采用时间继电器对制动时间进行控制，其工作原理请读者自行分析。

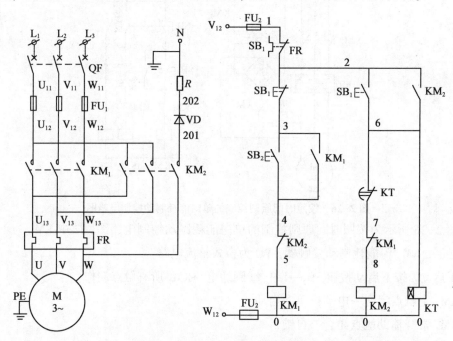

图 2-27　单管能耗制动控制电路图

（2）可逆运行的能耗制动控制电路图

图 2-28 所示为按照速度原则控制的可逆运行能耗制动控制电路。图中 KM₁，KM₂ 为正、反转接触器，KM₃ 为制动接触器。

①正向启动。按下正向启动按钮 SB₂→KM₁ 线圈通电→KM₁ 所有触点动作：

KM₁ 主触点闭合→电动机正向启动→当转子速度大于一定值时→速度继电器 KS-1 闭合（为制动接触器 KM₃ 线圈通电做准备）；

KM₁ 常开辅助触点闭合→自锁；

KM₁ 常闭辅助触点（2 个）断开→互锁。

②制动。按下停止按钮 SB₁→SB₁ 的所有触点动作：

❖SB₁ 常闭触点先断开→KM₁ 线圈断电→KM₁ 所有触点复位：

KM₁ 主触点断开→电动机定子绕组脱离三相交流电源；

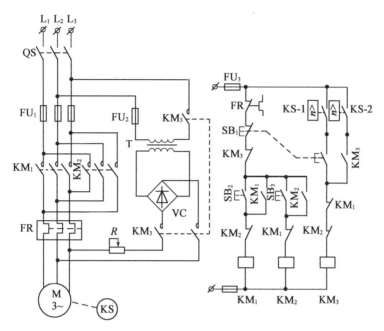

图2-28 按照速度原则控制的可逆运行能耗制动控制电路图

KM_1 常开辅助触点断开→解除自锁；

KM_1 常闭辅助触点（2个）闭合→分别为 KM_2，KM_3 线圈通电做准备。

❖SB_1 常开触点后闭合→KM_3 线圈通电→KM_3 所有触点动作：

KM_3 常开辅助触点闭合→自锁；

KM_3 常闭辅助触点断开→互锁。

KM_3 主触点闭合→电动机定子绕组接入直流电源进行能耗制动→当转子速度低于一定值时→KS-1 断开→KM_3 线圈断电→KM_3 所有触点复位：

KM_3 主触点断开→制动过程结束；

KM_3 常开辅助触点断开；

KM_3 常闭辅助触点闭合。

③反向启动、制动。电动机反向启动和制动过程与其正向启动、制动过程相似，读者可自行分析。

2.能耗制动特点

能耗制动的特点是制动电流较小、能量损耗小、制动准确，但它需要直流电源，制动速度较慢，通常适用于电动机容量较大、启动及制动频繁、要求平稳制动的场合。

【技术手册】

反接制动的实质就是改变三相电源的相序，产生与转子惯性旋转方向相反的电磁转矩。在电动机转速接近零时，将电源切除，以免引起电动机反转。控制电路中常采用速度继电器来检测电动机的零速点并切除三相电源。

反接制动时，转子与旋转磁场的相对速度接近于同步转速的两倍，定子绕组电流很大，为了防止绕组过热、减小制动冲击，一般功率在 10 kW 以上的电动机，定子回路中应串入反接制动电阻以限制制动电流。

1.工作原理

（1）单向运转的反接制动控制电路图

如图 2-29 所示。

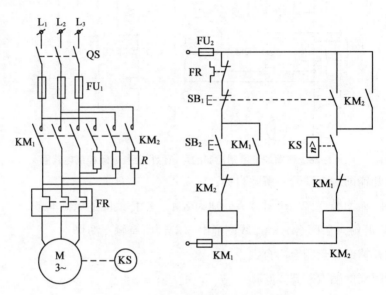

图 2-29　单向运转的反接制动控制电路图

①启动。按下启动按钮 SB_2→接触器 KM_1 线圈通电→KM_1 所有触点动作：

KM_1 主触点闭合→电动机 M 全压启动运行→当转速上升到某一值（通常为大于 120 r/min）以后→速度继电器 KS 的常开触点闭合（为制动接触器 KM_2 的通电做准备）；

KM_1 常闭辅助触点断开→互锁；

KM_1 常开辅助触点闭合→自锁。

②制动。按下停止按钮 SB_1→SB_1 的所有触点动作：

❖SB_1 常闭触点先断开→KM_1 线圈断电→KM_1 所有触点复位：

KM_1 主触点断开→M 断电；

KM_1 常开辅助触点断开→解除自锁；

KM_1 常闭辅助触点闭合→为 KM_2 线圈通电做准备。

❖SB_1 常开触点后闭合→KM_2 线圈通电→KM_2 所有触点动作：

KM_2 常开辅助触点闭合→自锁；

KM_2 常闭辅助触点断开→互锁。

KM$_2$ 的主触点闭合→改变了电动机定子绕组中电源的相序、电动机在定子绕组串入电阻 R 的情况下反接制动→转速下降到某一值(通常为小于 100 r/min)时→KS 触点复位→KM$_2$ 线圈断电→KM$_2$ 所有触点复位:

KM$_2$ 常开辅助触点断开;

KM$_2$ 常闭辅助触点闭合;

KM$_2$ 主触点断开(制动过程结束,防止反向启动)。

(2)可逆运行的反接制动控制电路图

图 2-30 为笼型异步电动机可逆运行的反接制动控制电路。

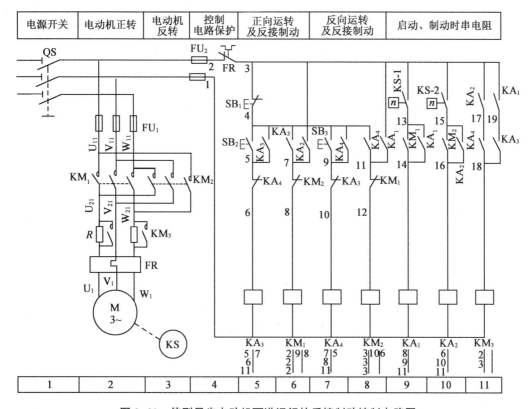

图 2-30　笼型异步电动机可逆运行的反接制动控制电路图

图中 KM$_1$,KM$_2$ 为正、反转接触器,KM$_3$ 为短接电阻接触器,KA$_1$~KA$_4$ 为中间继电器,KS 为速度继电器,R 为启动与制动电阻。电路工作原理如下。

①正向启动。按下正转启动按钮 SB$_2$→KA$_3$ 线圈通电→KA$_3$ 所有触点动作:

KA$_3$(9-10)断开→互锁;

KA$_3$(4-5)闭合→自锁;

KA$_3$(18-19)闭合→为 KM$_3$ 线圈通电做准备。

KA$_3$(4-7)闭合→接触器 KM$_1$ 线圈通电→KM$_1$ 所有触点动作:

KM$_1$ 主触点闭合→电动机定子绕组串电阻 R 降压启动→当转子速度大于一定值

时→KS-1闭合→KA$_1$线圈通电→KA$_1$所有触点动作：

KA$_1$(3-11)闭合→为 KM$_2$ 线圈通电做准备；

KA$_1$(13-14)闭合→自锁；

KA$_1$(3-19)闭合→KM$_3$ 线圈通电→KM$_3$ 主触点闭合（电阻 R 被短接）→电动机全压运转。

KM$_1$(11-12)断开→互锁；

KM$_1$(13-14)闭合→为 KA$_1$ 线圈通电做准备。

②制动。按下停止按钮 SB$_1$→KA$_3$，KM$_1$ 线圈同时断电：

❖KA$_3$ 线圈断电→KA$_3$ 所有触点复位：

KA$_3$(9-10)闭合→为 KA4 线圈通电做准备；

KA$_3$(4-5)断开→解除自锁；

KA$_3$(18-19)断开→KM$_3$ 线圈断电→KM$_3$ 主触点断开；

KA$_3$(4-7)断开。

❖KM$_1$ 线圈断电→KM$_1$ 所有触点复位：

KM$_1$ 主触点断开→电动机 M 断电；

KM$_1$(13-14)断开；

KM$_1$(11-12)闭合→KM$_2$ 线圈通电→KM$_2$ 所有触点动作：

KM$_2$(15-16)闭合→为 KA$_2$ 线圈通电做准备；

KM$_2$(7-8)断开→互锁。

KM$_2$ 主触点闭合→电动机定子绕组串电阻 R 反接制动→当转子速度低于一定值时→KS-1断开→KA$_1$ 线圈断电→KA$_1$ 所有触点复位：

KA$_1$(13-14)断开→解除自锁；

KA$_1$(3-19)断开；

KA$_1$(3-11)断开→KM$_2$ 线圈断电→KM$_2$ 所有触点复位：

KM$_2$ 主触点断开→反接制动结束；

KM$_2$(15-16)断开；

KM$_2$(7-8)闭合。

③反向启动、制动。电动机反向启动和制动过程与其正向启动、制动过程相似，读者可自行分析。

2.反接制动特点

反接制动的优点是制动能力强、制动时间短，缺点是能量损耗大、制动时冲击力大、制动准确度差。因此，反接制动适用于生产机械的迅速停机与迅速反向运转。

【实施与评价】

1.工具准备

同任务二的"实施与评价"。

2.实施步骤

(1)确定控制方案

根据本任务的任务描述和控制要求,宜选择单向单管能耗制动控制方式。

(2)绘制原理图、标注节点号码,并说明工作原理和具有的保护

如图 2-27 所示。

(3)绘制元器件布置图、安装接线图

如图 2-31 所示。

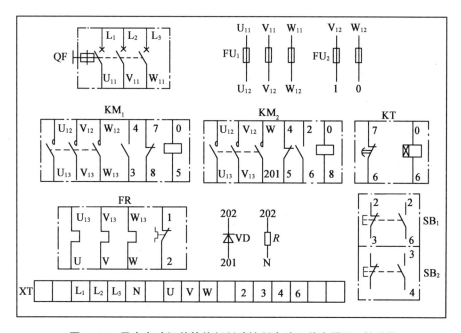

图 2-31 异步电动机单管能耗制动控制电路元件布置图、接线图

(4)选择器件、导线

根据低压断路器、熔断器、接触器、热继电器、复合按钮、端子排、导线的选择原则,结合本任务具体参数(电路额定电压为~380 V、电动机额定电流为 15.4 A),选择本任务所需器件、导线的型号和数量。具体参见表 2-5。

表 2-5　器材参考表

序号	名称	型号	主要技术数据	数量
1	低压断路器	DZ5-50/300	塑壳式，AC380 V，50 A，3 极，无脱扣器	1
2	熔断器(主电路)	RL1-60/40	螺旋式，AC380 V/400 V，熔管 60 A，熔体 40 A	3
3	熔断器(控制电路)	RL1-15/2	螺旋式，AC380 V/400 V，熔管 15 A，熔体 2 A	2
4	交流接触器	CJ20-25	AC380 V，主触点额定电流 25 A	2
5	热继电器	JR20-25	热元件号 2T，整定电流范围 11.6~14.3~17 A	1
6	复合按钮	LA4-2H	具有 2 对常开触点，2 对常闭触点，额定电流 5 A	1
7	二极管	2CZ30	15 A/600 V	1
8	限流电阻		2 Ω/150 W	1
9	端子排(主电路)	JX3-25	额定电流 25 A	12
10	端子排(控制电路)	JX3-5	额定电流 5 A	8
11	导线(主电路)	BVR-6	聚氯乙烯绝缘铜芯软线，6 mm^2	若干
12	导线(控制电路)	BVR-1.5	聚氯乙烯绝缘铜芯软线，1.5 mm^2	若干

（5）检查器件

同任务二的"实施与评价"。

（6）固定控制设备并完成接线

根据元件布置图固定控制设备，根据安装接线图完成接线。

①注意事项：时间继电器的整定时间不宜过长，以免长时间通入直流电源而使定子绕组发热。

②工艺要求：同任务二的"实施与评价"。

（7）检查测量

①电源电压：用万用表测量电源电压是否正常。

②主电路：断开电源进线开关 QF，手动按下接触器衔铁代替接触器通电吸合，检查测量主电路连接是否正确，是否有短路、开路点。

③控制电路：取下控制回路熔断器 FU$_2$，万用表表笔搭接在 FU$_2$ 的 0，1 端，读数应为∞；按下启动按钮 SB$_2$，或者手动压下 KM$_1$ 衔铁，读数均应为接触器 KM$_1$ 线圈的阻值；按下停止按钮 SB$_1$，或者手动压下 KM$_2$ 的衔铁，读数均应为 KM$_2$ 和 KT 线圈的并联值。

（8）通电试车

安上控制回路熔断器 FU$_2$，合上电源进线开关 QF，按下启动按钮 SB$_2$，接触器 KM$_1$ 应动作并能自保持，电动机启动；用力按下停止按钮 SB$_1$，KM$_1$ 应断电，同时 KM$_2$、KT 得电并自锁进行能耗制动，电机停止后，KT 延时时间到，其延时打开的常闭触点动作，使 KM$_2$、KT 相继断电，制动过程结束。

【学习评价】

填写《电气控制安装接线评价表》(见表 2-2), 操作时间: 100 分钟。

【问题思考】

①试分析图 2-28 所示速度原则控制的可逆运行能耗制动控制电路反向启动和制动的工作过程。

②试分析图 2-30 所示笼型异步电动机可逆运行的反接制动控制电路反向启动和制动的工作过程。

任务六　三相异步电动机调速控制电路的装接

【必备知识】

为提高产品质量和劳动生产率, 许多电动机需要调速。

由电机原理可知, 笼型异步电动机转速:

$$n = n_0(1-s) = \frac{60f}{p}(1-s) \tag{2-3}$$

式中: n ——笼型异步电动机转速, r/min;

n_0 ——旋转磁场同步转速, r/min;

s ——转差率;

f ——电源频率, Hz;

p ——磁极对数。

改变 p(变极)、f(变频)、s(变转差率)都能改变电动机的转速, 其中变极调速中最常用的是双速电动机调速。

双速电动机定子绕组接线方式常用的有两种: 一种是绕组从单星形改接成双星形(Y/YY), 另一种是从三角形改接成双星形(△/YY), 如图 2-32 所示。这两种接法都能使电机磁极对数减少一半, 转速提高 1 倍。

值得注意的是, 定子绕组变极后的相序与变极前的相序相反。所以, 接线时必须把电动机的任意两个出线端对调, 以防高速和低速时的旋转方向相反。

双速电动机的变速既可以由时间继电器自动实现, 也可以由按钮手动实现。

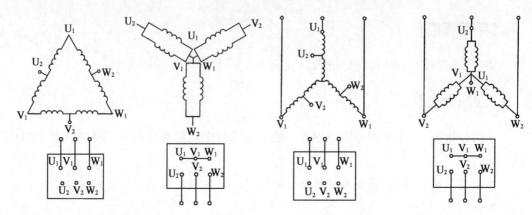

图 2-32 双速电动机定子绕组接线方式

1.双速电动机自动控制

双速电动机自动控制电路图如图 2-33 所示。

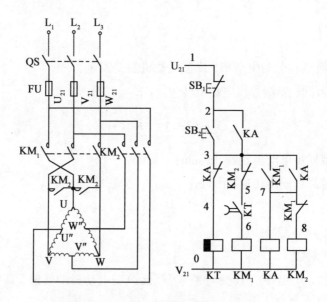

图 2-33 双速电动机自动控制电路图

（1）低速运转

按下 SB_2→时间继电器 KT 线圈通电→KT(5-6)瞬时闭合→接触器 KM_1 线圈通电→KM_1 所有触点动作：

KM_1 主触点闭合→电动机定子绕组接成三角形低速启动运转；

KM_1(7-8)断开→互锁；

KM_1(3-7)闭合→中间继电器 KA 线圈通电→KA 所有触点动作：

KA(2-3)闭合→自锁；

KA(3-7)闭合(自锁)→为 KM_2 线圈通电做准备；

KA(3-4)断开→KT 线圈断电→开始延时→（2）。

（2）高速运转

延时结束→KT(5-6)断开→KM_1 线圈断电→KM_1 所有触点复位：

KM_1 主触点断开；

KM_1(3-7)断开；

KM_1(7-8)闭合→接触器 KM_2 线圈通电→KM_2 所有触点动作：

KM_2 主触点闭合→电动机定子绕组接成双星形高速运转；

KM_2(3-5)断开→互锁。

2.双速电动机手动控制

按钮切换的双速电动机控制电路图如图 2-34 所示。

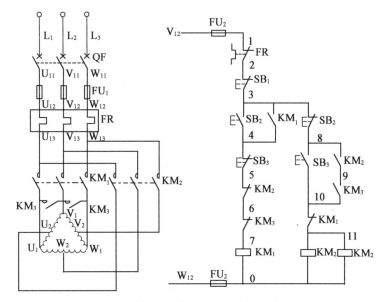

图 2-34　按钮切换的双速电动机控制电路图

（1）低速运转

按下低速启动按钮 SB_2→SB_2 的所有触点动作：

①SB_2 常闭触点先断开→互锁。

②SB_2 常开触点后闭合→接触器 KM_1 线圈通电→KM_1 所有触点动作：

KM_1 主触点闭合→电动机定子绕组接成三角形低速启动运转；

KM_1(10-11)断开→互锁；

KM_1(3-4)闭合→自锁。

（2）高速运转

按下高速运转按钮 SB_3→SB_3 的所有触点动作：

①SB_3 常闭触点先断开→KM_1 线圈断电→KM_1 所有触点复位：

KM_1 主触点断开；

$KM_1(3-4)$ 断开→解除自锁；

$KM_1(10-11)$ 闭合→为 KM_2，KM_3 线圈通电做准备。

②SB_3 常开触点后闭合→KM_2，KM_3 线圈同时通电→KM_2，KM_3 所有触点动作：

KM_2，KM_3 主触点闭合→电动机定子绕组接成双星形高速运转；

$KM_2(5-6)$，$KM_3(6-7)$ 断开→互锁；

$KM_2(8-9)$，$KM_3(9-10)$ 闭合→自锁。

【技术手册】

1.直流电动机的控制

直流电动机具有良好的启动、制动与调速性能，容易实现各种运行状态的自动控制。其励磁方式有串励、并励、他励和复励四种，控制电路基本相同。

直流电动机启动控制的要求与交流电动机类似，即在保证足够大的启动转矩条件下，尽可能减小启动电流。直流电动机的启动有两个特点：一是启动冲击电流大，可达额定电流的 10~20 倍，这样大的电流可能导致电动机换向器和电枢绕组的损坏，因此，一般在电枢回路中串电阻启动，以减小启动电流；二是他励和并励直流电动机在弱磁或零磁时会产生"飞车"，因而在接通电枢电源前，应先接入或至少同时施加额定励磁电压，这样一方面可减小启动电流，另一方面也可防止"飞车"事故发生。为了防止弱磁或零磁时产生"飞车"，励磁回路中设有欠磁保护环节。

直流电动机常用的电气制动方法有能耗制动和反接制动。其中，能耗制动的工作原理是切断电枢电源并保持额定励磁，电动机因惯性继续旋转成为直流发电机，如果通过一个电阻 R 使电枢绕组构成闭合回路，则在此回路中将产生电流和制动转矩，使拖动系统的动能转化为电能并在转子回路中以发热形式消耗掉；反接制动的工作原理是保持额定励磁，将反极性的电源接到电枢绕组上产生制动转矩，迫使电动机迅速停止。

下面主要讨论他励或并励直流电动机的启动和制动控制。

（1）单向运转控制

图 2-35 所示为直流电动机单向运转能耗制动控制电路图。图中 KM_1 为电源接触器，KM_2，KM_3 为启动接触器，KM_4 为制动接触器，KA_1 为过电流继电器，KA_2 为欠电流继电器，KA_3 为电压继电器，KT_1，KT_2 为时间继电器。

①启动前的准备。合上电源开关 QS_1 和控制开关 QS_2，励磁回路通电，当励磁电流达到 KA_2 的整定值时，KA_2 动作，其常开触点闭合，为启动做好准备；同时，KT_1 通电，其常闭触点瞬时断开，切断 KM_2，KM_3 电路，保证串入电阻 R_1，R_2 启动。

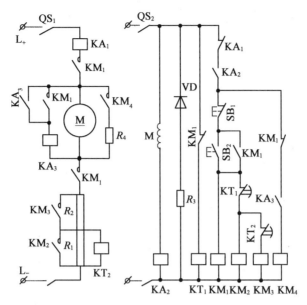

图 2-35 直流电动机单向运转能耗制动控制电路图

②启动过程。按下启动按钮 SB_2，KM_1 通电并自锁，主触点闭合，接通电动机电枢回路，电枢串入二级电阻启动，同时 KT_1 线圈断电，为 KM_2 和 KM_3 通电短接电枢回路电阻做准备。在电动机启动的同时，并接在 R_1 两端的时间继电器 KT_2 通电，其常闭触点打开，使 KM_3 不能通电，确保电阻 R_2 串入启动。经一段延时时间后，KT_1 延时闭合的触点闭合，KM_2 线圈通电，短接电阻 R_1，KT_2 线圈断电。经一段延时时间后，KT_2 常闭触点闭合，KM_3 线圈通电，短接电阻 R_2，电动机加速进入全压运行，启动过程结束。

③制动过程。电机正常运行时，并联在电枢回路两端的电压继电器 KA_3 通电，其常闭触点闭合，为制动做准备。制动时，按下停止按钮 SB_1，KM_1 线圈断电，切断电枢直流电源。此时电动机因惯性仍以较高速度旋转，电枢两端仍有一定电压，KA_3 仍保持通电，使 KM_4 线圈通电，电阻 R_4 并联于电枢两端，电动机实现能耗制动，转速急剧下降。当电枢电势降低到一定值时，KA_3 释放，KM_4 断电，电动机能耗制动结束。

④电动机的保护环节。当电动机发生过载和短路时，主电路过电流继电器 KA_1 动作，KM_1，KM_2，KM_3 线圈均断电，使电动机脱离电源。当励磁线圈断路时，欠电流继电器 KA_2 动作，起失磁保护作用。电阻 R_3 与二极管 VD 构成励磁绕组的放电回路，其作用是在停机时防止由于过大的自感电动势引起励磁绕组的绝缘击穿和损坏其他电器。

（2）可逆运转控制

改变直流电动机的旋转方向有两种方法。一种是保持励磁绕组端电压的极性不变，改变电枢绕组端电压的极性。这种方法接线简单、操作安全，故应用广泛，但因主电路电流较大，故要求接触器的容量也较大。另一种是保持电枢绕组端电压的极性不变，改变励磁绕组端电压的极性。由于电动机的励磁电流仅为电枢额定电流的 2%～5%，故采用这种方法的优点是使用的接触器容量要小得多，但由于励磁绕组的电感量很大，触点断开时容易产生很高的自感电动势，危及励磁绕组的绝缘，故这种方法很少采用。

图 2-36 所示是并励直流电动机可逆运行反接制动控制电路图。图中 R_1，R_2 为启动电阻，R_3 为制动电阻，R_0 为电动机停车时励磁绕组的放电电阻，时间继电器 KT_2 的延时时间大于 KT_1 的延时时间，KA 为电压继电器。

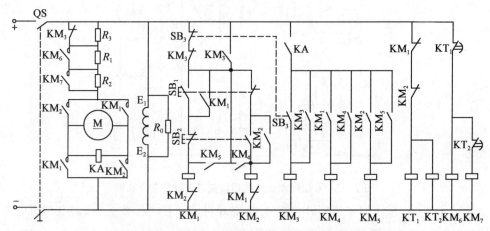

图 2-36　并励直流电动机可逆运行反接制动控制电路图

①启动准备。合上电源开关 QS，励磁绕组通电励磁，时间继电器 KT_1，KT_2 线圈得电动作，它们的延时闭合动断触点瞬时打开，接触器 KM_6，KM_7 处于断电状态，确保电动机串电阻启动，此时电路处于准备工作状态。

②正转启动。按下正转启动按钮 SB_1，接触器 KM_1 线圈通电并自锁，其主触点闭合，直流电动机电枢回路串两级电阻 R_1，R_2 启动；同时，KM_1 常闭辅助触点使 KT_1，KT_2 失电。经一段时间延时，KT_1 延时闭合的动断触点首先闭合，KM_6 得电，切除 R_1；然后 KT_2 延时闭合的动断触点闭合，KM_7 线圈得电，切除 R_2，直流电动机进入正常运行状态。

正常运行时，电压继电器 KA 通电，其常开触点闭合，接触器 KM_4 通电吸合并自锁，使 KM_4 常开触点闭合，为反接制动做准备。

③正转制动。按下停止按钮 SB_3，则正转接触器 KM_1 断电释放。此时电动机由于惯性仍高速转动，反电动势仍较高，电压继电器 KA 仍保持通电，使 KM_3 通电并自锁。KM_3 的另一常开触点闭合，使反转接触器 KM_2 通电，其触点闭合，电枢通以反向电流，串电阻 R_3 进行反接制动。待速度降低、反电动势下降到 KA 释放电压时，KA 释放，使 KM_3，KM_4 和 KM_2 均断电，反接制动结束，并为下次启动做好准备。

反向启动运行和制动情况与正转类似，这里不再重复。

2.同步电动机的控制

同步电动机因其转速恒定和功率因数可调的特点，被广泛地应用于拖动恒速运转的大型机械设备，如空压机、球磨机、离心式水泵等。

同步电动机无启动转矩，不能自行启动，常采用辅助电动机启动、异步启动和变频启动这三种启动方法。本节主要介绍同步电动机的异步启动控制方法。

异步启动法是在同步电动机转子磁极圆周的表面，加装一套类似异步电机的笼型绕组作为启动绕组。启动时先将转子励磁回路断开，电枢接交流电源，这时笼型启动绕组中产生感应电流及转矩，该转矩驱动电动机转子启动旋转，这个过程称为"异步启动"。待电动机转速接近同步转速时，将励磁电流通入转子绕组，电动机就可以同步运转了，这个过程称为"牵入同步"。

三相同步电动机的异步启动有两种方法。一种是定子绕组加入全电压后，再加入直流励磁，这种方法称为全压启动。因它有较大的转矩，故适用于重载启动，缺点是对电源冲击大。另一种是定子降压启动后，转子加入直流励磁，而后定子绕组再加上全电压。这种方法称为降压启动，适用于轻载启动。

（1）按照频率原则加入直流励磁的控制电路

图 2-37 所示为按照频率原则加入励磁的控制电路图，该电路在电动机定子侧用自耦变压器 T 降压启动，转子按频率原则加入励磁电流，励磁电源由直流并励发电机 G 供给。

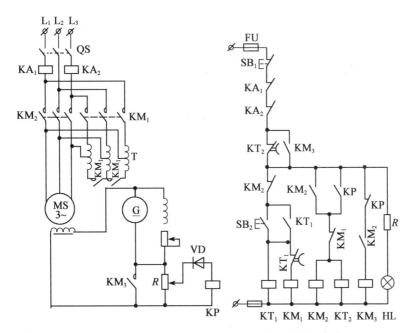

图 2-37 同步电动机按照频率原则加入励磁的控制电路图

电路工作原理如下：合上电源开关 QS，按下启动按钮 SB$_2$，KT$_1$ 和 KM$_1$ 通电并自锁，定子绕组经自耦变压器降压启动。在电动机刚刚启动时，转子上的感应电流频率最大，幅值也最高，这个电流在放电电阻 R 上形成的电压经二极管整流后，使极性继电器 KP 通电吸合。KT$_1$ 常闭触点延时断开，KM$_1$ 断电，KM$_1$ 常闭触点闭合，KM$_2$ 通电并自锁，电动机全压启动。由于转子上感应电动势的频率和幅值随转速的升高而减小，当转子的转速接近同步转速时，电阻 R 上的电压经 VD 整流后下降到 KP 的释放值，极性继电器 KP 释放，KM₃ 通电并自锁，转子绕组通入直流电流，将电动机牵入同步运行，启动过程结束。

图中KA₁，KA₂为过电流继电器，用来实现过载保护。

（2）按电流原则加入直流励磁的控制电路

图 2-38 所示为按照电流原则加入励磁的控制电路图，该电路在电动机定子侧串电阻降压启动，转子按电流原则加入励磁电流，励磁电源由直流发电机供给。

图中KA₁为过电流继电器，KA₂为欠电流继电器，KA₃为欠电压继电器。

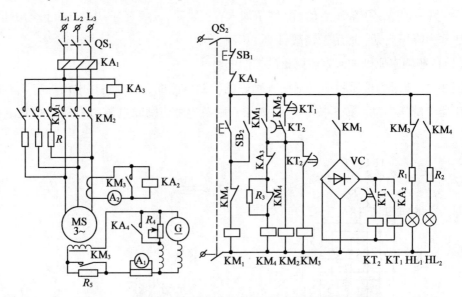

图 2-38 同步电动机按照电流原则加入励磁的控制电路图

电路工作原理如下：合上电源开关QS₁及控制回路开关QS₂，按下启动按钮SB₂，KM₁通电并自锁，定子绕组串电阻降压启动。电动机启动时，较大的启动电流使电流互感器 TA 次级回路中的过电流继电器KA₂吸合。整流桥交流侧经KM₁触点同交流电源相连，输出直流电压，使KT₁，KT₂相继通电，其常闭触点断开KM₂，KM₃回路，确保电动机降压启动。随着转速的升高，定子电流下降到KA₂释放值，使KA₂释放，KT₁断电。延时一段时间，KT₁延时闭合的动断触点闭合，KM₂通电并自锁，电动机全压启动。同时，KT₁延时断开的动合触点断开，KT₂线圈失电。当电动机转速升高到接近同步转速时，KT₂延时时间到，KM₃通电，短接电阻 R_5，转子加入直流励磁，将电动机牵入同步，启动过程结束。

当电网电压下降到一定值时，KA₃释放，使KM₄通电，将励磁发电机中的电阻 R_4 短接，从而加强励磁以保持足够的转矩，同时指示灯HL₂亮。KM₄线圈的额定电压低于电网正常电压，电阻 R_3 起保护KM₄线圈的作用，以避免过电压而烧坏接触器KM₄的线圈。

电动机投入同步运行后，为避免负载冲击电流引起KA_2误动作，KM_3常开触点并接于KA_2线圈两端，将KA_2线圈短接。

【实施与评价】

1.工具准备

同任务二的"实施与评价"。

2.实施步骤

（1）确定控制方案

根据本任务的任务描述和控制要求，宜选择按钮切换控制方式。

（2）绘制原理图、标注节点号码，并说明工作原理和具有的保护

如图2-34所示。

（3）绘制元器件布置图、安装接线图

如图2-39所示。

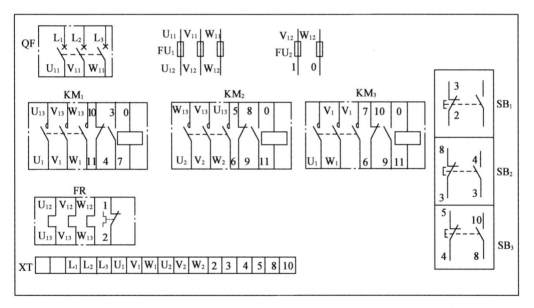

图2-39　按钮切换的双速电动机控制电路元件布置图、接线图

（4）选择器件、导线

根据低压断路器、熔断器、接触器、热继电器、复合按钮、端子排、导线的选择原则，结合本任务具体参数（电路额定电压为~380 V、电动机额定电流为15.4 A），选择本任务所需器件、导线的型号和数量。具体参见表2-6。

表 2-6　器材参考表

序号	名称	型号	主要技术数据	数量
1	低压断路器	DZ5-50/300	塑壳式，AC380 V，50 A，3 极，无脱扣器	1
2	熔断器（主电路）	RL1-60/40	螺旋式，AC380 V/400 V，熔管 60 A，熔体 40 A	3
3	熔断器（控制电路）	RL1-15/2	螺旋式，AC380 V/400 V，熔管 15 A，熔体 2 A	2
4	交流接触器	CJ20-25	AC380 V，主触点额定电流 25 A	3
5	热继电器	JR20-25	热元件号 2T，整定电流范围 11.6~14.3~17 A	1
6	复合按钮	LA4-3H	具有 3 对常开触点、3 对常闭触点，额定电流 5 A	1
7	端子排（主电路）	JX3-25	额定电流 25 A	12
8	端子排（控制电路）	JX3-5	额定电流 5 A	8
9	导线（主电路）	BVR-6	聚氯乙烯绝缘铜芯软线，6 mm^2	若干
10	导线（控制电路）	BVR-1.5	聚氯乙烯绝缘铜芯软线，1.5 mm^2	若干

（5）检查器件

同任务二的"实施与评价"。

（6）固定控制设备并完成接线

根据元件布置图固定控制设备，根据安装接线图完成接线。

①注意事项：注意 KM_1，KM_2 在两种转速下电源相序的改变，以防高速和低速时的旋转方向相反。

②工艺要求：同任务二的"实施与评价"。

（7）检查测量

①电源电压：用万用表测量电源电压是否正常。

②主电路：断开电源进线开关 QF，手动按下接触器衔铁代替接触器通电吸合，检查测量主电路连接是否正确，是否有短路、开路点。

③控制电路：取下控制回路熔断器 FU_2，万用表表笔搭接在 FU_2 的 0，1 端，读数应为 ∞；按下低速启动按钮 SB_2，或者手动压下 KM_1 衔铁，读数均应为接触器 KM_1 线圈的阻值；此时压下 KM_2 或 KM_3 的衔铁，读数均应为 ∞；按下高速启动按钮 SB_3，或者同时压下 KM_2 和 KM_3 的衔铁，读数均应为 KM_2 和 KM_3 线圈的并联值；此时压下 KM_1 的衔铁，读数均应为 ∞；在按下启动按钮 SB_2（SB_3），或者手动压下 KM_1（KM_2，KM_3）衔铁的同时，按下停止按钮 SB_1，或者断开热继电器 FR 的常闭触点，读数均应为 ∞。

（8）通电试车

安上控制回路熔断器 FU_2，合上电源进线开关 QF，按下低速启动按钮 SB_2，接触器 KM_1 应动作并能自保持，电动机低速启动；按下高速启动按钮 SB_3，KM_1 应断电，同时 KM_2，KM_3 得电并自锁，电动机高速运行；按下停止按钮 SB_1，接触器 KM_2，KM_3 应断电，电动机断电惯性停止。

【学习评价】

填写《电气控制安装接线评价表》(见表2-2),操作时间:100分钟。

【问题思考】

①双速电动机在高低速变换时为什么要改变定子绕组的相序?

②双速电动机能否高速直接启动?为什么?

【实战演练】

1.判断

①在电动机控制电路中,如果装有热继电器,就可以不装熔断器。 ( )

②三相笼型异步电动机控制电路中短路保护是由热继电器实现的。 ( )

③在电动机启动过程中,虽然启动电流很大,但热继电器不会动作。 ( )

④失压保护的目的是防止电压恢复时电动机自启动。 ( )

⑤依靠接触器自身辅助触点使其线圈保持通电的现象称为互锁或联锁。 ( )

⑥在只具有电气互锁的正、反转控制电路中,既可以实现"正转—停止—反转",也可以实现"正转—反转"的直接换向。 ( )

⑦欲多地控制同一台电动机的启动、停止,应将所有启动按钮都并联起来,所有的停止按钮都串联起来。 ( )

⑧降压启动的目的是为了提高电动机的启动转矩。 ( )

⑨Y-△降压启动适用于正常运行时定子绕组为Y形连接的电动机。 ( )

⑩电流原则控制的绕线式异步电动机启动控制电路中,欠电流继电器的释放电流相同,但吸合电流是不同的。 ( )

⑪频敏变阻器的阻抗能随着电动机转速的上升、转子电流频率的下降而自动减小。

( )

⑫利用自耦变压器降压启动,当启动电压降为额定电压的 $1/K$ 时,启动电流也减小到直接启动的 $1/K$,启动转矩降为直接启动的$1/K^2$。 ( )

⑬时间原则控制的绕线式异步电动机启动控制电路中,启动回路串联3个接触器常闭辅助触点的作用是防止其带部分电阻或不带电阻启动,造成冲击电流过大,损坏电动机。 ( )

2.选择

①电气控制系统图(简称电气图)是指( )。

A.电气原理图   B.电器元件布置图

C.电气安装接线图   D.以上都是

②甲、乙两个接触器，若要求甲工作后才允许乙工作，则应(　　)。

A.在乙接触器的线圈电路中串入甲接触器的动合触点

B.在乙接触器的线圈电路中串入甲接触器的动断触点

C.在甲接触器的线圈电路中串入乙接触器的动断触点

D.在甲接触器的线圈电路中串入乙接触器的动合触点

③下列启动方法中不属于笼型异步电动机降压启动的是(　　)。

A.转子串电阻启动   B.定子串电阻启动

C.自耦变压器降压启动   D.星形-三角形启动

④在星形-三角形降压启动控制中，启动电流是三角形直接启动电流的(　　)。

A.1/3 倍   B.1/$\sqrt{3}$ 倍

C.1/2 倍   D.1/$\sqrt{2}$ 倍

⑤他励式直流电动机启动控制电路中设置失磁保护的目的是(　　)。

A.防止电动机启动电流过大

B.防止电机启动转矩过小

C.防止停机时过大的自感电动势引起励磁绕组的绝缘击穿

D.防止飞车

3.思考

①在电动机主电路中既然安装了熔断器，为什么还要安装热继电器？

②点动控制电路中为何不安装热继电器？

第二部分

提高篇

项目三　常用机床电气电路的故障检修

【项目描述】

机床是制造业中应用极其广泛的设备,它一般采用电动机作为动力源,广泛采用继电器-接触器控制。

只有通过典型的机床控制电路的学习,并对学到的知识进行综合归纳,才能抓住各类机床的特殊性与普遍性,举一反三,触类旁通。机床检修是一项技能性很强而又细致的工作。机床在运行时一旦发生故障,检修人员首先应对其进行认真检查,经过周密思考,找出故障源,然后着手排除故障。

熟悉和掌握常用机床(CA6140 型车床、X62W 型铣床、Z3040 型钻床)的主要结构、运动形式、控制要求、工作原理、故障的诊断和排除方法,对正确使用和维护其他机床、提高解决实际工程问题的能力是十分必要的。

【学习目标】

①能掌握识读机床电气原理图的方法,掌握机床的故障诊断和排除方法。

②能了解常用机床(CA6140 型车床、X62W 型铣床、Z3040 型钻床)的主要结构、运动形式、控制要求及工作原理,并能根据故障现象,按照正确的检测步骤诊断、排除常用机床(CA6140 型车床、X62W 型铣床、Z3040 型钻床)故障。

任务一　CA6140 型车床电气电路的故障检修

【必备知识】

1.机床电气原理图的识读方法

掌握机床电气原理图的识读方法,对于分析电气电路、排除机床电路故障是十分有意义的。机床电气原理图一般由主电路、控制电路、辅助电路等几部分组成,识读方法如下。

（1）阅读相关的技术资料

在识读机床电气原理图前，应阅读相关的技术资料，对设备有一个总体的了解。阅读的主要内容有：

①设备的基本结构、运动形式、工艺要求和操作方法；

②设备机械、液压系统的基本结构、原理及与电气控制系统的关系；

③相关电器的安装位置和在控制电路中的作用；

④设备对电力拖动的要求、对电气控制和保护的要求。

（2）识读主电路

主电路是全图的基础，电气原理图主电路的识读一般按照以下四个步骤进行：

①看电路及设备的供电电源；

②分析主电路共有几台电动机，并了解各台电动机的作用；

③分析各台电动机的工作状况及它们的制约关系；

④了解电动机经过哪些控制电器到达电源，与这些器件有关联的部分各处在图上哪个区域，各台电动机相关的保护电器有哪些。

（3）识读控制电路

控制电路是全图的重点，在分析时，要结合主电路的控制要求，利用前面介绍过的基础知识，将控制电路划分为若干个单元，按照以下三个步骤进行分析。

①弄清控制电路的电源电压。电动机台数较少、控制电路简单的设备，其控制电路的电源电压常采用 AC380 V；电动机台数较多、控制电路复杂的设备，其控制电路的电源电压常采用 AC220 V，AC127 V，AC110 V 等，这些控制电压可由控制变压器提供。

②按照布局顺序，从左到右，依次看懂每条控制支路是如何控制主电路的。

③结合主电路有关元器件对控制电路的要求，分析出控制电路的动作过程。

（4）识读辅助电路

辅助电路部分相对简单和独立，主要包括检测电路、信号指示电路、照明电路等环节。

（5）联锁与保护环节

为了满足生产机械对安全性、可靠性的要求，在控制电路中还设置了一系列的电气保护和联锁。在识读机床电气原理图的过程中，要结合主电路和控制电路的控制要求对其进行分析。

2.CA6140 型车床的主要结构、运动形式及控制要求

CA6140 型车床是一种应用极为广泛的金属切削通用机床，能够车削外圆、内圆、端面和螺纹，也可以用钻头或铰刀进行钻孔或铰孔。其型号"CA6140"的含义如下：C——

车床；A——改进型；6——组代号（即落地式）；1——系代号（即卧式车床系）；40——最大车削直径为 400 mm。

（1）主要结构

CA6140 型车床结构示意图如图 3-1 所示。

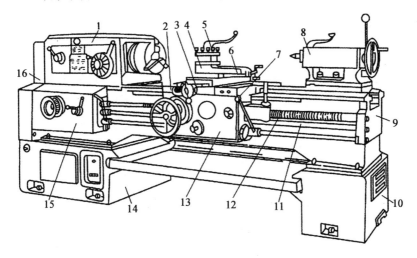

图 3-1 CA6140 型车床结构示意图

1—主轴箱；2—纵溜板；3—横溜板；4—转盘；5—方刀架；6—小溜板；7—操纵手柄；8—尾座；9—床身；
10—右床座；11—光杆；12—丝杠；13—溜板箱；14—左床座；15—进给箱；16—交换齿轮架

（2）运动形式

①主运动：工件的旋转运动，由主轴通过卡盘带动工件旋转。

②进给运动：溜板带动刀架的纵向或横向直线运动，分手动和电动两种。

③辅助运动：刀架的快速移动、尾架的移动、工件的夹紧与放松等。

（3）控制要求

①主轴电动机一般选用三相交流笼型异步电动机，为了保证主运动与进给运动之间严格的比例关系，由一台电动机采用齿轮箱进行机械有级调速来拖动。

②车床在车削螺纹时，主轴通过机械方法实现正、反转。

③主轴电动机的启动、停止采用按钮操作。

④刀架快速移动由单独的快速移动电机拖动，采用点动控制。

⑤车削加工时，由于刀具及工件温度过高，有时需要冷却，故配有冷却泵电动机。在主轴启动后，根据需要决定冷却泵电动机是否工作。

⑥具有必要的过载、短路、欠电压、失电压、安全保护。

⑦具有电源指示和安全的局部照明装置。

3.CA6140 型车床电气原理图分析

CA6140 型车床电气设备清单如表 3-1 所列。

表 3-1　CA6140 型车床电气设备清单

符号	名称	型号	规格	作用
M_1	主轴电动机	Y132M-4-B3	7.5 kW, 1450 r/min	主运动和进给运动
M_2	冷却泵电动机	AYB-25TH	90 W, 3000 r/min	提供冷却液
M_3	快速移动电动机	AOS5634	250 W, 1360 r/min	刀架快速移动
FR_1	热继电器	JR16-20/3D	15.4 A	电动机 M_1 过载保护
FR_2	热继电器	JR16-20/3D	0.32 A	电动机 M_2 过载保护
KM	交流接触器	CJ20-20B	线圈电压 AC110 V	控制主轴电动机 M_1
KA_1	中间继电器	JZ7-44	线圈电压 AC110 V	控制冷却泵电动机 M_2
KA_2	中间继电器	JZ7-44	线圈电压 AC110 V	控制刀架快速移动电动机 M_3
FU	熔断器	RL1	40 A	全电路的短路保护
FU_1	熔断器	RL1	4 A	$M_2/M_3/TC$ 一次侧短路保护
FU_2	熔断器	RL1	2 A	控制回路短路保护
FU_3	熔断器	RL1	1 A	信号回路短路保护
FU_4	熔断器	RL1	1 A	照明回路短路保护
QF	断路器	AM2-40.20A		电源总开关
SB	钥匙开关	LAY3-01Y2		电源开关锁
SB_1	按钮	LAY3-01ZS/1	AC500 V, 5 A	主轴电动机 M_1 停止
SB_2	按钮	LAY3-10/3.11	AC500 V, 5 A	主轴电动机 M_1 启动
SB_3	按钮	LA9	AC500 V, 5 A	控制刀架快速移动电动机 M_3
SB_4	旋钮开关	LAY3-10X/2		控制冷却泵电动机 M_2
SA	转换开关	LAY3-10X/2		控制照明灯
SQ_1	行程开关	JWM6-11		确保主轴传动带罩合上(安全保护)
SQ_2	行程开关	JWM6-11		确保配电箱门合上(安全保护)
TC	控制变压器	JBK2-100	AC380 V/110 V/24 V/6 V	提供信号、照明、控制电压
HL	信号灯	ZSD-0.6 V	AC6 V	电源指示
EL	照明灯	JCH	AC24 V	车床局部照明

CA6140 型车床电气原理图如图 3-2 所示。

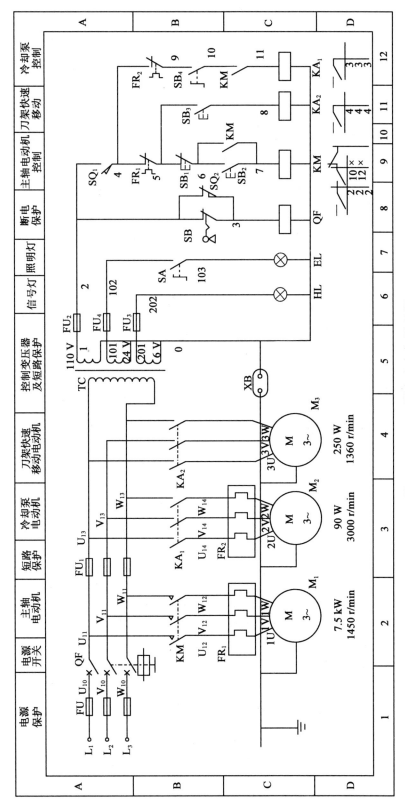

图3-2 CA6140型车床电气原理图

（1）主电路

电源由总开关 QF 控制，熔断器 FU 作为主电路短路保护，熔断器 FU_1 作为功率较小的两台电动机的短路保护。主电路共有三台电动机：主轴电动机、冷却泵电动机和刀架快速移动电动机。

①主轴电动机 M_1。由交流接触器 KM 控制，热继电器 FR_1 作为过载保护；

②冷却泵电动机 M_2。由中间继电器 KA_1 控制，热继电器 FR_2 作为过载保护；

③刀架快速移动电动机 M_3。由中间继电器 KA_2 控制，因其为短时工作状态，热继电器来不及反映其过载电流，故不设过载保护。

（2）控制电路

由控制变压器 TC 的次级输出 ~110 V 电压作为控制电路的电源。

①机床电源的引入。合上配电箱门（使装于配电箱门后的 SQ_2 常闭触点断开）、插入钥匙将开关旋至"接通"位置（使 SB 常闭触点断开），跳闸线圈 QF 无法通电，此时方能合上电源总开关 QF。

为保证人身安全，必须将传动带罩合上（装于主轴传动带罩后的位置开关 SQ_1 常开触点闭合），才能启动电动机。

②主轴电动机 M_1 的控制。

M_1 启动。按下 SB_2，KM 线圈得电，3 个位于 2 区的 KM 主触点闭合，M_1 启动运转；同时位于 10 区的 KM 常开触点闭合（自锁）、位于 12 区的 KM 常开触点闭合（顺序启动，为 KA_1 得电做准备）。

M_1 停止。按下 SB_1，KM 线圈断电，KM 所有触点复位，M_1 断电惯性停止。

③冷却泵电动机 M_2 的控制。

M_2 启动。当主轴电动机 M_1 启动（位于 12 区的 KM 常开触点闭合）后，转动 SB_4 至闭合，中间继电器 KA_1 线圈得电，3 个位于 3 区的 KA_1 触点闭合，冷却泵电动机 M_2 启动。

M_2 停止。当主轴电动机 M_1 停止或转动 SB_4 至断开，中间继电器 KA_1 线圈断电，KA_1 所有触点复位，冷却泵电动机 M_2 断电。

显然，冷却泵电动机 M_2 与主轴电动机 M_1 采用顺序控制。只有当 M_1 启动后，M_2 才能启动；M_1 停止后，M_2 自动停止。

④快速移动电动机 M_3 的控制。刀架移动方向（前、后、左、右）的改变，是由进给操作手柄配合机械装置实现的。

M_3 启动。按住 SB_3，中间继电器 KA_2 线圈通电，3 个位于 4 区的 KA_2 触点闭合，M_3 启动。

M_3 停止。松开 SB_3，中间继电器 KA_2 线圈断电，KA_2 所有触点复位，M_3 停止。

显然，这是一个点动控制。

（3）辅助电路

为保证安全、节约电能，控制变压器 TC 的次级输出 ~24 V 和 ~6 V 电压，分别作为机床照明灯和信号灯的电源。

①指示电路。合上电源总开关 QF，信号灯 HL 亮；断开电源总开关 QF，信号灯 HL 灭。

②照明电路。将转换开关 SA 旋至接通位置，照明灯 EL 亮；将转换开关 SA 旋至断开位置，照明灯 EL 灭。

（4）保护环节

①短路保护。由 FU，FU_1，FU_2，FU_3，FU_4 分别实现对全电路、$M_2/M_3/TC$ 一次侧、控制回路、信号回路、照明回路的短路保护。

②过载保护。由 FR_1，FR_2 分别实现对主轴电动机 M_1、冷却泵电动机 M_2 的过载保护。

③欠、失压保护。由接触器 KM 及中间继电器 KA_1，KA_2 实现。

④安全保护。由行程开关 SQ_1，SQ_2 实现。

4.电气控制电路故障诊断的步骤和注意事项

（1）故障调查

①问。询问机床操作人员故障发生前后的情况如何。这有利于根据电气设备的工作原理来判断发生故障的部位，分析出故障的原因。

②看。观察熔断器内的熔体是否熔断，其他电器元件是否烧毁、发热、断线，导线连接螺钉是否松动，触点是否氧化、积尘，等等。要特别注意高电压、大电流的地方，活动机会多的部位，容易受潮的接插件，等等。

③听。电动机、变压器、接触器等正常运行时的声音和发生故障时的声音是有区别的，听声音是否正常，可以帮助寻找故障的范围、部位。

④闻。辨别有无异味，如绝缘烧毁会产生焦味等。

⑤摸。电动机、电磁线圈、变压器等发生故障时，温度会显著上升，可切断电源后用手去触摸、判断元件是否正常。

不论电路是通电还是断电，要特别注意不能用手直接去触摸金属触点，必须借助仪表来测量。

（2）电路分析

根据故障现象和调查结果，结合该电气设备的电气原理图，初步判断出故障产生的部位，然后逐步缩小故障范围，直至找到故障点并加以消除。

无电气原理图时，首先查清不动作的电动机的工作电路。在不通电的情况下，以该电动机的接线盒为起点开始查找，顺着电源线找到相应的控制接触器。然后，以此接触器为核心，一路从主触点开始，继续查到三相电源，查清主电路；一路从接触器线圈的两个接线端子开始向外延伸，弄清控制电路的来龙去脉。必要的时候边查找边画出草图。若需拆卸，则要记录拆卸的顺序、电器的结构等，再采取排除故障的措施。

分析故障时应有针对性，如接地故障一般先考虑电气柜外的电气装置，后考虑电气柜内的电器元件；断路和短路故障，应先考虑动作频繁的元件，后考虑其余元件。

（3）断电检查

检查前先断开机床总电源，然后根据故障可能产生的部位，逐步找出故障点。检查时应先检查电源线进线处有无因碰伤而引起的电源接地、短路等现象，螺旋式熔断器的熔断指示器是否跳出，热继电器是否动作。然后检查电气外部有无损坏，连接导线有无断路、松动，绝缘层有无过热或烧焦。

（4）通电检查

做断电检查仍未找到故障时，可对电气设备做通电检查。

在通电检查时要尽量使电动机和其所传动的机械部分脱开，将控制器和转换开关置于零位，行程开关还原到正常位置。然后用万用表检查电源电压是否正常，有没有缺相或三相严重不平衡。之后进行通电检查，检查的顺序为：先检查控制电路，后检查主电路；先检查辅助系统，后检查主传动系统；先检查交流系统，后检查直流系统。合上开关，观察各电器元件是否按要求动作，有没有冒火、冒烟、熔断器熔断的现象，直至查到发生故障的部位。

（5）在检修机床电气故障时应注意的问题

①检修前应将机床清理干净。

②将机床电源断开。

③若电动机不能转动，要从电动机有无通电、控制电动机的接触器是否吸合入手，绝不能立即拆修电动机。通电检查时一定要先排除短路故障，在确认无短路故障后方可通电，否则会造成更大的事故。

④当需要更换熔断器的熔体时，新熔体必须与原熔体型号相同，不得随意扩大容量，以免造成更大的事故或留下更大的后患。熔体熔断，说明电路存在较大的冲击电流，如短路、严重过载、电压波动很大等。

⑤热继电器的动作、烧毁，也要先查明过载原因，否则故障还是会重现。修复后一定要按技术要求重新整定保护值，并要进行可靠性试验，以免失控。

⑥用万用表电阻挡测量触点、导线通断时量程置于"×1Ω 挡"。

⑦如果要用绝缘电阻表检测电路的绝缘电阻，则应断开被测支路与其他支路的联系，以免影响测量结果。

⑧在拆卸元器件时，对不熟悉的机床一定要仔细观察，理清其控制电路，及时做好记录、标号，以便复原。

⑨试车前先检测电路是否存在短路现象，注意人身及设备安全。

⑩机床故障排除后，一切均要复原。

【技术手册】

1.CA6140 型车床电气电路典型故障的诊断与检修

（1）电源故障

①电源总开关故障。

故障描述。现有一台 CA6140 型车床，欲进行车削加工，但电源总开关 QF 合不上。

故障分析。CA6140 型车床的电源开关 QF 采用钥匙开关作为开锁断电保护，用行程开关 SQ_2 作为配电箱门开门断电保护。因此，出现这个故障时，应首先检查钥匙开关 SB 和行程开关 SQ_2。

故障检修。钥匙开关 SB 触点应断开，否则应检查钥匙开关 SB 的位置、维修或更换钥匙开关；配电箱门行程开关 SQ_2 应断开，否则应检查配电箱门位置、维修或更换行程开关。

②"全无"故障。

故障描述。现有一台 CA6140 型车床，合上电源总开关 QF 后，信号灯、照明灯、机床电动机都不工作，控制电动机的接触器、继电器等均无动作和声响。

故障分析。由于 FU_2，FU_3，FU_4 同时熔断的可能性极小，故应首先检查三相交流电源。

故障检修。依次测量 U_{10}-V_{10}-W_{10}，U_{11}-V_{11}-W_{11}，U_{13}-V_{13}-W_{13} 任意两相之间的电压。若指示值不是 380 V，则故障在其上级元件（如测量 U_{13}-V_{13}-W_{13} 之间的电压指示值不是 380 V，则故障在熔断器 FU_1），应紧固连接导线端子、检修或更换元件；若指示值均为 380 V，则故障在控制变压器 TC 或熔断器 FU_2，FU_3，FU_4，应紧固连接导线端子、检修或更换元件。

（2）主轴电动机电路故障

①主轴电动机 M_1 不能启动。

故障描述。现有一台 CA6140 型车床，在准备加工时发现主轴不能启动，但刀架快速移动电动机、冷却泵电动机、信号灯、照明灯工作正常。

故障分析。由于刀架快速移动电动机、冷却泵电动机、信号灯、照明灯工作正常，故只需检查主轴电动机 M_1 的主电路和控制电路。

故障检修。断开电动机进线端子，合上断路器 QF，按下启动按钮 SB_2。

❖若接触器 KM 吸合，则应依次检查 U_{12}-V_{12}-W_{12}，1U-1V-1W 之间的电压：

第一，若指示值均为 380 V，则故障在电动机，应检修或更换；

第二，若指示值不是 380 V，则故障在其上级元件，应紧固连接导线端子、检修或更换元件。

❖若接触器 KM 不吸合，则应依次检查：停止按钮 SB$_1$ 应闭合、启动按钮 SB$_2$ 应闭合、接触器 KM 线圈应完好、所有连接导线端子应紧固，否则应维修或更换同型号元件、紧固连接导线端子。

②主轴电动机 M$_1$ 启动后不能自锁。

故障描述。现有一台 CA6140 型车床，在准备加工时发现按下主轴启动按钮 SB$_2$，主轴电动机启动，松开主轴启动按钮 SB$_2$，主轴电动机停止。

故障分析。出现这个故障的唯一可能是自锁回路断路。

故障检修。检查接触器 KM 的自锁触点接触情况，若接触不良应进行维修或更换；检查接触器 KM 的自锁触点上两根导线连接情况，若松脱应紧固。

③主轴电动机 M$_1$ 不能停车。

故障描述。现有一台 CA6140 型车床，加工时发现按下主轴停止按钮 SB$_1$，主轴电动机不能停止。

故障分析。出现这个故障的唯一可能是接触器 KM 主触点没有断开。

故障检修。断开断路器 QF，观察接触器 KM 的动作情况。若接触器 KM 立即释放，则故障为 SB$_1$ 触点直通或导线短接，应维修或更换 SB$_1$；若接触器 KM 缓慢释放，则故障为铁芯表面粘有污垢，应维修；若接触器 KM 不释放，则故障为主触点熔焊，应维修或更换。

④主轴电动机 M$_1$ 在运行中突然停车。

故障描述。现有一台 CA6140 型车床，在加工过程中主轴电动机突然自行停车。

故障分析。出现这个故障的最大可能是电源断电或电动机过载。

故障检修。检查电源电压是否丢失，若电源断电，应尝试恢复供电；检查热继电器 FR$_1$ 是否动作，若热继电器 FR$_1$ 动作，应查明原因(三相电源电压不平衡、电源电压较长时间过低、负载过重)、排除故障后才能使其复位。

(3)刀架快速移动电动机电路故障

故障描述。现有一台 CA6140 型车床，在车削加工时，刀架不能快速移动，但主轴电动机、冷却泵电动机、信号灯、照明灯工作正常。

故障分析。由于主轴电动机、冷却泵电动机、信号灯、照明灯工作正常，故只需检查刀架快速移动电动机 M$_3$ 的主电路和控制电路。

故障检修。断开电动机进线端子，合上断路器 QF，按下启动按钮 SB$_3$。

❖若中间继电器 KA$_2$ 吸合，则应检查 3U-3V-3W 之间的电压：若指示值为 380 V，则故障在电动机，应检修或更换；若指示值不是 380 V，则故障在 KA$_2$，应紧固连接导线端子、检修或更换元件。

❖若中间继电器 KA₂ 不吸合，则应依次检查：按钮 SB₃ 应闭合、中间继电器 KA₂ 线圈应完好、所有连接导线端子应紧固，否则应维修或更换同型号元件、紧固连接导线端子。

(4)冷却泵电动机电路故障

故障描述。现有一台 CA6140 型车床，在车削加工时，冷却泵电动机不能工作，但主轴电动机、刀架快速移动电动机、信号灯、照明灯工作正常。

故障分析。由于主轴电动机、刀架快速移动电动机、信号灯、照明灯工作正常，故只需检查冷却泵电动机 M₂ 的主电路和控制电路。

故障检修。断开电动机进线端子，合上断路器 QF，启动主轴电动机，转动 SB₄ 至闭合。

❖若中间继电器 KA₁ 吸合，则应依次检查 U_{14}-V_{14}-W_{14}，2U-2V-2W 之间的电压：若指示值均为 380 V，则故障在电动机，应检修或更换；若指示值不是 380 V，则故障在其上级元件，应紧固连接导线端子、检修或更换元件。

❖若中间继电器 KA₁ 不吸合，则应依次检查：热继电器 FR₂ 常闭触点应闭合、旋钮开关 SB₄ 应闭合、接触器 KM 的常开触点应闭合、中间继电器 KA₁ 线圈应完好、所有连接导线端子应紧固，否则应维修或更换同型号元件、紧固连接导线端子。

(5)照明电路故障

故障描述。现有一台 CA6140 型车床，在车削加工时，照明灯突然熄灭，但主轴电动机、冷却泵电动机、刀架快速移动电动机、信号灯工作正常。

故障分析。该故障相对简单，只需检查照明回路即可。

故障检修。依次检查电源电压应为 24 V、熔断器 FU₄ 应完好、转换开关 SA 应闭合、照明灯 EL 应完好、所有连接导线端子应紧固，否则应维修或更换同型号元件、紧固连接导线端子。

2.机床电气控制电路故障检查的常用方法

检查故障的常用方法有电压法、电阻法、短接法、等效替代法等。

(1)电压测量法

电压测量法指利用万用表电压挡，通过测量机床电气电路上某两点间的电压值来判断故障点的范围或故障元器件的方法。

①电压分阶测量法。

电压分阶测量法如图 3-3 所示。

检查时把万用表扳到交流电压 500 V 挡位上。首先用万用表测量 7-1 两点间的电压，若电压为 380 V，则说明控制电路的电源正常。然后按住启动按钮 SB₂ 不放，同时将黑色表笔接到点 7 上，红色表笔依次接到 2，3，4，5，6 各点上，依次测量 7-2，7-3，7-

4，7-5，7-6 两点间的电压，各阶的电压值均应为 380 V。若测得某两点（如 7-5）之间无电压，说明点 5 以前的触点或接线有断路故障，一般是点 5 前第一个触点（KM₂）接触不良或连接线断路。这种测量方法如台阶一样依次测量电压，所以叫电压分阶测量法。利用电压分阶测量法查找故障原因如表 3-2 所列。

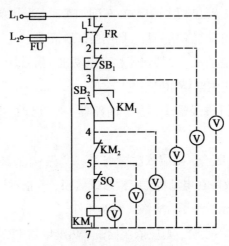

图 3-3　电压分阶测量法

表 3-2　电压分阶测量法查找故障原因

故障现象	测试状态	分阶电压/V					故障原因
		7-2	7-3	7-4	7-5	7-6	
按下 SB₂，KM₁ 不吸合	按住 SB₂ 不放	0	0	0	0	0	FR 常闭触点接触不良或连线断路
		380	0	0	0	0	SB₁ 常闭触点接触不良或连线断路
		380	380	0	0	0	SB₂ 常开触点接触不良或连线断路
		380	380	380	0	0	KM₂ 常闭触点接触不良或连线断路
		380	380	380	380	0	SQ 常闭触点接触不良或连线断路
		380	380	380	380	380	KM₁ 线圈断路或连线断路

②电压分段测量法。

电压分段测量法如图 3-4 所示。

检查时把万用表扳到交流电压 500 V 挡位上。首先用万用表测量 1-7 两点间的电压，若电压为 380 V，则说明控制电路的电源正常。然后按住启动按钮 SB₂ 不放，逐段测量相邻两点 1-2，2-3，3-4，4-5，5-6，6-7 间的电压，根据测量结果即可找出故障原因。利用电压分段测量法查找故障原因如表 3-3 所列。

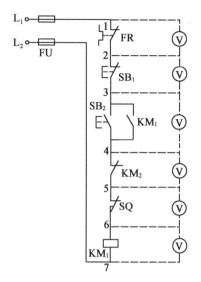

图 3-4　电压分段测量法

表 3-3　电压分段测量法查找故障原因

故障现象	测试状态	分段电压/V						故障原因
		1-2	2-3	3-4	4-5	5-6	6-7	
按下 SB₂，KM₁ 不吸合	按住 SB₂ 不放	380	0	0	0	0	0	FR 常闭触点接触不良或连线断路
		0	380	0	0	0	0	SB₁ 常闭触点接触不良或连线断路
		0	0	380	0	0	0	SB₂ 常开触点接触不良或连线断路
		0	0	0	380	0	0	KM₂ 常闭触点接触不良或连线断路
		0	0	0	0	380	0	SQ 常闭触点接触不良或连线断路
		0	0	0	0	0	380	KM₁ 线圈断路或连线断路

（2）电阻测量法

电阻测量法指利用万用表电阻挡，通过测量机床电气电路上某两点间的电阻值来判断故障点的范围或故障元器件的方法。

①电阻分阶测量法。

电阻分阶测量法如图 3-5 所示。

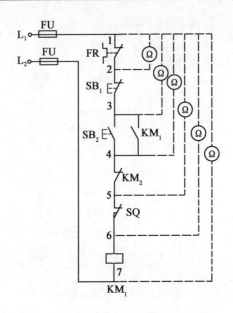

图 3-5　电阻分阶测量法

断开控制电源，按下 SB_2 不放松，用万用表的电阻挡先测量 1-7 两点间的电阻，如电阻值为 ∞，说明 1-7 之间的电路有断路。然后分阶测量 1-2，1-3，1-4，1-5，1-6 两点间的电阻值。若电路正常，则各两点间的电阻值为 0。若测量到某标号间的电阻值为 ∞，则说明表笔刚跨过的触点接触不良或连接导线断路。利用电阻分阶测量法查找故障原因如表 3-4 所列。

表 3-4　电阻分阶测量法查找故障原因

故障现象	测试状态	分阶电阻/Ω						故障原因
		1-2	1-3	1-4	1-5	1-6	1-7	
按下 SB_2，KM_1 不吸合	按住 SB_2 不放	∞						FR 常闭触点接触不良或连线断路
		0	∞					SB_1 常闭触点接触不良或连线断路
		0	0	∞				SB_2 常开触点接触不良或连线断路
		0	0	0	∞			KM_2 常闭触点接触不良或连线断路
		0	0	0	0	∞		SQ 常闭触点接触不良或连线断路
		0	0	0	0	0	∞	KM_1 线圈断路或连线断路

②电阻分段测量法。

电阻分段测量法如图 3-6 所示。

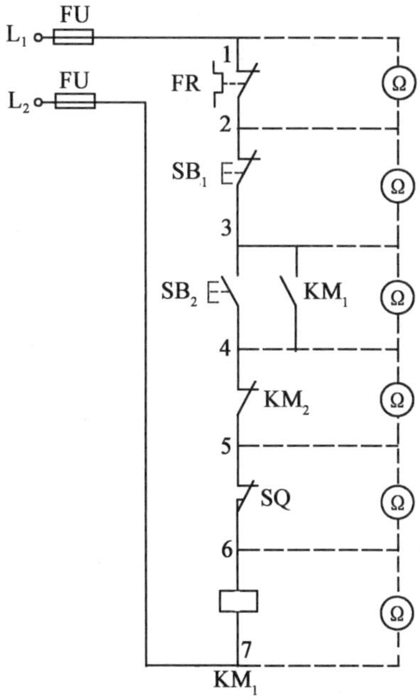

图 3-6 电阻分段测量法

断开控制电源，按下 SB_2 不放松，然后依次逐段测量相邻两标号 1-2，2-3，3-4，4-5，5-6，6-7 之间的电阻值。若电路正常，除 6-7 两点间的电阻值为 KM_1 线圈电阻外，其余各标号间电阻值应为 0。如测得某两点间的电阻为 ∞，则说明这两点间的触点接触不良或连接导线断路。利用电阻分段测量法查找故障原因如表 3-5 所列。

表 3-5 电阻分段测量法查找故障原因

故障现象	测试状态	分段电阻/Ω						故障原因
		1-2	2-3	3-4	4-5	5-6	6-7	
按下 SB_2，KM_1 不吸合	按住 SB_2 不放	∞						FR 常闭触点接触不良或连线断路
		0	∞					SB_1 常闭触点接触不良或连线断路
		0	0	∞				SB_2 常开触点接触不良或连线断路
		0	0	0	∞			KM_2 常闭触点接触不良或连线断路
		0	0	0	0	∞		SQ 常闭触点接触不良或连线断路
		0	0	0	0	0	∞	KM_1 线圈断路或连线断路

③电阻测量法的注意事项。

❖用电阻测量法检查故障时一定要断开电源。

❖如果被测的电路与其他电路并联，必须将其他电路断开，即断开寄生回路，否则所得的电阻值是不准确的。

❖测量高电阻值的电气元器件时，把万用表的选择开关旋转至适当的电阻挡位。

（3）短接法

短接法是指用导线将机床电路中两等电位点短接，以缩小故障范围，从而确定故障范围或故障点的方法。

①局部短接法。

局部短接法如图 3-7 所示。

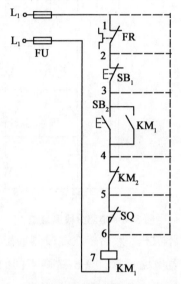

图 3-7　局部短接法

检查前先用万用表测量 1-7 两点间的电压值，若电压正常，可按下启动按钮 SB_2 不放，然后用一根绝缘良好的导线，分别短接标号相邻的两点，如短接 1-2，2-3，3-4，4-5，5-6。当短接到某两点时，接触器 KM_1 吸合，说明断路故障就在这两点之间。利用局部短接法查找故障原因如表 3-6 所列。

表 3-6　局部短接法查找故障原因

故障现象	短接点	KM_1 的动作	故障原因
按下 SB_2，KM_1 不吸合	1-2	吸合	FR 常闭触点接触不良或连线断路
	2-3	吸合	SB_1 常闭触点接触不良或连线断路
	3-4	吸合	SB_2 常开触点接触不良或连线断路
	4-5	吸合	KM_2 常闭触点接触不良或连线断路
	5-6	吸合	SQ 常闭触点接触不良或连线断路

②长短接法。

长短接法如图 3-8 所示。

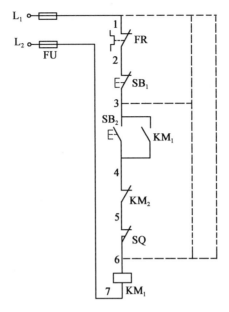

图 3-8　长短接法

当 FR 的常闭触点和 SB_1 的常闭触点同时接触不良时，若用上述局部短接法短接 1-2 点，按下启动按钮 SB_2，KM_1 仍然不会吸合，此时可能会造成判断错误。

长短接法是指一次短接两个或多个触点来检查断路故障的方法。检查前先用万用表测量 1-7 两点间的电压值，若电压正常，用一根绝缘良好的导线将 1-6 短接，若 KM_1 吸合，则说明 1-6 这段电路中有断路故障；然后短接 1-3 和 3-6，若短接 1-3 时 KM_1 吸合，则说明故障在 1-3 段范围内，再用局部短接法短接 1-2 和 2-3，就能很快地排除电路的断路故障。

长短接法可把故障点缩小到一个较小的范围，长短接法和局部短接法结合使用，可以很快找出故障点。

③短接法的注意事项。

❖短接法是用手拿绝缘导线带电操作的，所以一定要注意安全，避免触电事故发生。

❖短接法只适用于检查电压等级较低、电流较小的导线和触点之类的断路故障。对于电压等级较高、电流较大的导线和触点之类的断路故障不能采用短接法检查。

❖对于机床的某些重要部位，必须在保障电气设备或机械部位不会出现事故的前提下才能使用短接法。

(4)等效替代法。

等效替代法是指用完好的、同型号的电器元件替代被怀疑可能已经损坏的电器元件，来判断故障点的范围或故障元器件的方法。

【问题思考】

①CA6140 型车床的主轴电动机因过载而自动停车后，操作者立即按启动按钮，但电动机不能启动，试分析可能的原因。

②CA6140 型车床主轴电动机缺一相运行，会出现什么现象？

【实施与评价】

1.工具、仪表、器材

工具：每人一套常用电工工具，包括螺钉旋具(一字、十字)、剥线钳、尖嘴钳、钢丝钳等。

仪表：每人一块万用表、绝缘电阻表、钳形电流表。

器材：CA6140 型车床或 CA6140 型车床模拟电气控制柜。

2.实施步骤

①说明该机床的主要结构、运动形式及控制要求。

②说明该机床工作原理。

③说明该机床电气元器件的分布位置和走线情况。

④人为设置多个故障，学生根据故障现象，在规定的时间内按照正确的检测步骤诊断、排除其中两个故障。

【学习评价】

填写《机床排故评价表》(见表 3-7)，操作时间：100 分钟。

表 3-7 机床排故评价表

班级：　　　　　被评学生姓名：　　　　　　学号：　　　　　评分学生姓名：

项目	配分	评分要素	评分标准	自评得分	互评得分	师评得分
准备	10	准备电工常用工具、仪表	每少准备一件扣 2 分			
基础理论	10	能说明该机床的主要结构、运动形式及控制要求，能说明该机床的工作原理	不能说明该机床的主要结构、运动形式及控制要求扣 5 分；不能说明工作原理扣 5 分			

表 3-7(续)

项目	配分	评分要素	评分标准	自评得分	互评得分	师评得分
诊断故障	30	能根据故障现象，按照正确的检测步骤确定故障点	检测步骤不正确，每次扣5分；不能确定故障点，每个扣15分			
排除故障	30	能排除故障	不能排除故障，每个扣15分			
其他	20	能正确使用仪表；不拆卸无关的元器件、导线端子；不扩大故障范围	不能正确使用仪表扣，扣10分；拆卸无关的元器件、导线端子，每次扣2分；扩大故障范围，每个扣5分			
安全文明生产	从总分中扣	能遵守国家或企业、实训室有关安全规定；能在规定的时间内完成	每违反一项规定扣5分(严重违规者停止操作)；每超时1分钟扣5分(提前完成不加分；超时3分钟停止操作)			
合计	100					

学生得分=学生自评分×30%+同学互评分×30%+教师评分×40%＝

任务二　X62W 型铣床电气电路的故障诊断与检修

【必备知识】

1.X62W 型铣床的主要结构、运动形式及控制要求

X62W 型铣床是一种通用的多用途机床，可用来加工平面、斜面、沟槽；装上分度头后，可以铣削直齿轮和螺旋面；加装回转工作台，可以铣切凸轮和弧形槽。其型号"X62W"的含义如下：X——铣床；6——卧式；2——2 号铣床(用 0，1，2，3 表示工作台面的长与宽)；W——万能。

(1)主要结构

X62W 型铣床结构示意图如图 3-9 所示。

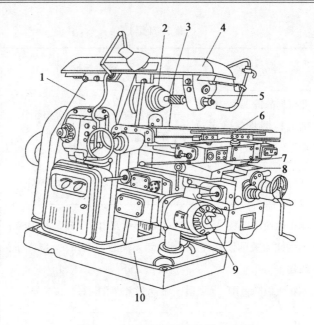

图 3-9　X62W 型铣床结构示意图

1—床身；2—主轴；3—刀杆；4—悬梁；5—刀杆支架；6—工作台；

7—转盘；8—横溜板；9—升降台；10—底座

（2）运动形式

①主运动。主轴带动铣刀的旋转运动。

②进给运动。工作台带动工件的上、下、左、右、前、后运动和圆形工作台的旋转运动。

③辅助运动。工作台带动工件在上、下、左、右、前、后 6 个方向上的快速移动。

（3）控制要求

①由于铣床的主运动与进给运动之间没有严格的速度比例关系，因此，主轴的旋转和工作台的进给分别采用单独的笼型异步电动机（M_1，M_2）拖动；为了对刀具和工件进行冷却，由冷却泵电动机 M_3 将冷却液输送到机床切削部位。

②铣削有顺铣和逆铣两种加工方式，要求主轴电动机能实现正、反转。但因其变换不频繁，并且在加工过程中无须改变旋转方向，故可根据工艺要求和铣刀的种类，在加工前预先选择主轴电动机的旋转方向。

③由于铣刀是一种多刃刀具，其铣削过程是断续的，因此，为了减小负载波动对铣刀转速的影响，主轴上装有惯性飞轮。然而因其惯性较大，为了提高工作效率，要求主轴电动机采用停车制动控制。

④铣床的工作台有 6 个方向（上、下、左、右、前、后）的进给运动和快速移动，由进给电动机 M_2 分别拖动 3 根进给丝杠实现，因此要求进给电动机 M_2 能实现正、反转控制；进给的快速移动通过电磁离合器和机械挂挡改变传动链的传动比来完成；为扩大加

工能力，工作台上还可加装圆工作台，圆工作台的回转运动由进给电动机 M_2 经传动机构驱动。

⑤主轴电动机 M_1 与进给电动机 M_2 采用机械变速的方法，利用变速盘进行速度选择，通过改变变速箱的传动比实现调速。为保证变速齿轮能很好地啮合，调整变速盘时要求电动机具有瞬时冲动（短时转动）控制。

⑥为避免铣刀与工件碰撞造成事故，要求在铣刀旋转之后进给运动才能进行、铣刀停止旋转之后进给运动同时停止。

⑦为了方便操作，要求在机床的正面和侧面都能控制主轴电动机 M_1 和进给电动机 M_2。

⑧为了更换铣刀方便、安全，要求换刀时，一方面将主轴制动，另一方面将控制电路切断，避免出现人身事故。

⑨为了保证安全，要求在铣削加工时，安装在工作台上的工件只能在 3 个坐标的 6 个方向（上、下、左、右、前、后）上向一个方向进给；使用圆工作台时，不允许工件在 3 个坐标的 6 个方向（上、下、左、右、前、后）上有任何进给。

⑩具有必要的过载、短路、欠电压、失电压、安全保护和安全的局部照明。

2.X62W 型铣床电气原理图分析

X62W 型铣床的电气设备清单如表 3-8 所列。

表 3-8　X62W 型铣床电气设备清单

符号	名称	型号	规格	作用
M_1	主轴电动机	Y132M-4-B3	7.5 kW, 1450 r/min	驱动主轴旋转
M_2	进给电动机	Y90L-4	1.5 kW, 1400 r/min	驱动工作台进给、圆工作台旋转
M_3	冷却泵电动机	JCB-22	125 W, 2790 r/min	驱动冷却泵提供冷却液
QS_1	开关	HZ10-60/3J	AC380 V, 60 A	电源总开关
QS_2	开关	HZ10-10/3J	AC380 V, 10 A	冷却泵开关
SA_1	开关	LS2-3A	AC380 V, 10 A	换刀制动开关
SA_2	开关	HZ10-10/3J	AC380 V, 10 A	圆工作台控制开关
SA_3	开关	HZ3-133	AC500 V, 10 A	M_1 换向开关
SA_4	开关	LAY3-10X/2		控制照明灯
FU_1	熔断器	RL1-60	35 A	全电路的短路保护
FU_2	熔断器	RL1-15	10 A	进给电动机短路保护
FU_3	熔断器	RL1-15	6 A	整流桥交流侧短路保护
FU_4	熔断器	RL1-15	6 A	整流桥直流侧短路保护

表 3-8(续)

符号	名称	型号	规格	作用
FU$_5$	熔断器	RL1-15	2 A	照明电路短路保护
FU$_6$	熔断器	RL1-15	2 A	控制电路短路保护
FR$_1$	热继电器	JR0-40	16 A	M$_1$ 过载保护
FR$_2$	热继电器	JR16-20/3D	0.32 A	M$_3$ 过载保护
FR$_3$	热继电器	JR10-10	3.4 A	M$_2$ 过载保护
TC	变压器	BK-150	AC380 V/110 V	控制电路电源
T$_1$	照明变压器	BK-50	AC380 V/24 V	照明电源
T$_2$	变压器	BK-200	AC380 V/36 V	整流变压器
KM$_1$	接触器	CJ0-20	线圈电压 AC110 V	主轴启动
KM$_2$	接触器	CJ0-20	线圈电压 AC110 V	快速进给控制
KM$_3$	接触器	CJ0-10	线圈电压 AC110 V	M$_2$ 正转
KM$_4$	接触器	CJ0-10	线圈电压 AC110 V	M$_2$ 反转
SB$_1$	按钮	LA2	绿色	启动 M$_1$
SB$_2$	按钮	LA2	绿色	启动 M$_1$
SB$_3$	按钮	LA2	黑色	快速进给点动
SB$_4$	按钮	LA2	黑色	快速进给点动
SB$_5$	按钮	LA2	红色	停止制动 M$_1$
SB$_6$	按钮	LA2	红色	停止制动 M$_1$
YC$_1$	电磁离合器		DC32 V	M$_1$ 制动
YC$_2$	电磁离合器		DC32 V	连接工作台的进给传动链
YC$_3$	电磁离合器		DC32 V	连接工作台的快速移动传动链
SQ$_1$	行程开关	LX3-11K	开启式	主轴变速冲动开关
SQ$_2$	行程开关	LX3-11K	开启式	进给变速冲动开关
SQ$_3$	行程开关	LX3-11K	开启式	工作台的向前、下控制及联锁
SQ$_4$	行程开关	LX3-11K	开启式	工作台的向后、上控制及联锁
SQ$_5$	行程开关	LX3-131	单轮自动复位	工作台的向右控制及联锁
SQ$_6$	行程开关	LX3-131	单轮自动复位	工作台的向左控制及联锁
EL	低压照明	K-2	AC24 V, 40 W	局部照明

  X62W 型铣床电气原理图如图 3-10 所示, 各转换开关位置与触点通断情况如表3-9 所列。

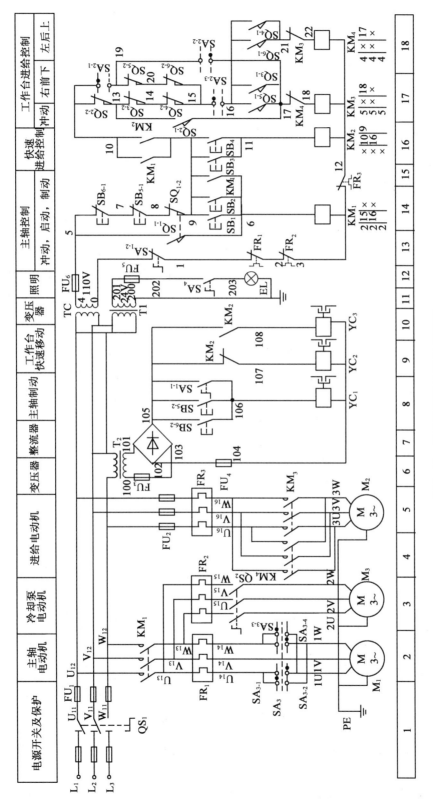

图3-10　X62W型铣床电气原理图

（1）主电路

电源由总开关 QS_1 控制，熔断器 FU_1 作为主电路短路保护。主电路共有三台电动机：主轴电动机 M_1、冷却泵电动机 M_3 和进给电动机 M_2。

①主轴电动机 M_1：由交流接触器 KM_1 控制，热继电器 FR_1 作为过载保护，SA_3 作为 M_1 的换向开关。

②冷却泵电动机 M_3：由手动开关 QS_2 控制，热继电器 FR_2 作为过载保护，当 M_1 启动后 M_3 才能启动。

③进给电动机 M_2：由接触器 KM_3 和 KM_4 实现正、反转控制，熔断器 FU_2 作为短路保护，热继电器 FR_3 作为过载保护。

（2）控制电路

由控制变压器 TC 的次级输出 ~110 V 电压，作为控制电路的电源。

①主轴电动机 M_1 的控制。为方便操作，主轴电动机的启动、停止及工作台的快速进给控制均采用两地控制方式，一组安装在机床的正面，另一组安装在机床的侧面。

❖主轴电动机 M_1 的启动。主轴电动机启动之前，首先应根据加工工艺要求确定铣削方式（顺铣还是逆铣），然后将换向开关 SA_3 扳到所需的转向位置。

按下主轴启动按钮 SB_1 或 SB_2，接触器 KM_1 线圈通电，3 个位于 2 区的 KM_1 主触点闭合，M_1 启动运转；同时位于 15 区的 KM_1 常开触点闭合（自锁）、位于 16 区的 KM_1 常开触点闭合（顺序启动）。

❖主轴电动机 M_1 的制动。为了使主轴快速停车，主轴采用电磁离合器制动。

按下停止按钮 SB_5 或 SB_6，SB_{5-1} 或 SB_{6-1} 使接触器 KM_1 线圈断电，KM_1 所有触点复位；同时，SB_{5-2} 或 SB_{6-2} 使电磁离合器 YC_1 通电吸合，将摩擦片压紧，对主轴电动机进行制动，直到主轴停止转动，才可松开 SB_5 或 SB_6。

❖主轴变速冲动。主轴的变速是通过改变齿轮的传动比实现的，由一个变速手柄和一个变速盘来实现，有多级不同转速，既可在停车时变速，也可在主轴旋转时进行。为使变速后齿轮更好地啮合，设置了必要的"冲动"环节。

变速时，拉出变速手柄，凸轮瞬时压动主轴变速冲动开关 SQ_1，SQ_1 只是瞬时动作一下随即复位。这样，SQ_{1-2} 断开了 KM_1 线圈的通电路径，M_1 断电；同时 SQ_{1-1} 瞬时接通一下 KM_1 线圈。这时转动变速盘选择需要的速度，再将手柄以较快的速度推回原位。在推回过程中，又一次瞬时压动 SQ_1，SQ_{1-1} 又一次短时接通 KM_1，对 M_1 进行了一次"冲动"，这次"冲动"会使主轴变速后重新启动时的齿轮更好地啮合。

❖主轴换刀控制。在上刀或换刀时，主轴应处于制动状态，并且控制电路应断电，以免发生事故。

换刀时，将换刀制动开关 SA_1 拨至"接通"位置，SA_{1-1} 接通电磁离合器 YC_1 对主轴进行制动；同时 SA_{1-2} 断开控制电路，确保换刀时机床没有任何动作。换刀结束后，应将 SA_1 扳回"断开"位置。

②冷却泵电动机 M_3 的控制。主轴电动机启动（KM_1 主触点闭合）后，扳动组合开关 QS_2 可控制冷却泵电动机 M_3 的启动与停止。

③进给电动机 M_2 的控制。工作台进给方向有横向（前、后）、垂直（上、下）、纵向（左、右）6个方向。其中横向和垂直运动是在主轴启动后，通过操纵十字形手柄（共两套，分别设在机床的正面和侧面）和机械联动机构带动行程开关 SQ_3 和 SQ_4，控制进给电动机 M_2 正转或反转来实现的；纵向运动是在主轴启动后，通过操纵纵向手柄（共两套，分别设在机床的正面和侧面）和机械联动机构带动行程开关 SQ_5 和 SQ_6，控制进给电动机 M_2 正转或反转来实现的。此时，电磁离合器 YC_2 通电吸合，连接工作台的进给传动链。

而工作台的快速进给是点动控制，即使不启动主轴也可进行。此时，电磁离合器 YC_3 通电吸合，连接工作台的快速移动传动链。

在正常进给运动控制时，圆工作台控制开关 SA_2 应转至"断开"位置。

❖工作台的横向（前、后）与垂直（上、下）进给运动。控制工作台横向（前、后）与垂直（上、下）进给运动的十字形手柄有上、下、中、前、后五个位置，各位置对应的行程开关 SQ_3 和 SQ_4 的触点状态如表3-9所列。

向前运动。将十字形手柄扳向"前"，传动机构将电动机传动链和前后移动丝杠相连，同时压下行程开关 SQ_3，SQ_{3-1} 闭合，接触器 KM_3 线圈通电（通电路径：9→KM_1 常开触点→10→SA_{2-1}→19→SQ_{5-2}→20→SQ_{6-2}→15→SA_{2-3}→16→SQ_{3-1}→17→KM_4 常闭触点→18→KM_3 线圈），3个位于5区的 KM_3 主触点闭合，M_2 正转，拖动工作台向前运动；同时，位于18区的 KM_3 常闭触点断开（互锁）。

向下运动。将十字形手柄扳向"下"，传动机构将电动机传动链和上下移动丝杠相连，同时压下行程开关 SQ_3，SQ_{3-1} 闭合，接触器 KM_3 线圈通电，3个位于5区的 KM_3 主触点闭合，M_2 正转，拖动工作台向下运动；同时，位于18区的 KM_3 常闭触点断开（互锁）。

向后运动。将十字形手柄扳向"后"，传动机构将电动机传动链和前后移动丝杠相连，同时压下行程开关 SQ_4，SQ_{4-1} 闭合，接触器 KM_4 线圈通电（通电路径：9→KM_1 常开触点→10→SA_{2-1}→19→SQ_{5-2}→20→SQ_{6-2}→15→SA_{2-3}→16→SQ_{4-1}→21→KM_3 常闭触点→22→KM_4 线圈），3个位于4区的 KM_4 主触点闭合，M_2 反转，拖动工作台向后运动；同时，位于17区的 KM_4 常闭触点断开（互锁）。

向上运动。将十字形手柄扳向"上"，传动机构将电动机传动链和上下移动丝杠相连，同时压下行程开关 SQ_4，SQ_{4-1} 闭合，接触器 KM_4 线圈通电，3个位于4区的 KM_4 主触点闭合，M_2 反转，拖动工作台向上运动；同时，位于17区的 KM_4 常闭触点断开（互锁）。

停止。将十字形手柄扳向中间位置，传动链脱开，行程开关 SQ_3（或 SQ_4）复位，接触器 KM₃(或 KM₄)断电，进给电动机 M₂ 停转，工作台停止运动。

限位保护。工作台的上、下、前、后运动都有极限保护，当工作台运动到极限位置时，撞块撞击十字手柄，使其回到中间位置，实现工作台的终点停车。

❖工作台的纵向(左、右)进给运动。控制工作台纵向(左、右)进给运动的纵向手柄有左、中、右三个位置，各位置对应的行程开关 SQ₅ 和 SQ₆ 的触点状态如表 3-9 所列。

向右运动。将纵向手柄扳到"右"，传动机构将电动机传动链和左右移动丝杠相连，同时压下行程开关 SQ₅，SQ₅₋₁闭合，接触器 KM₃ 线圈通电(通电路径：9→KM₁ 常开触点→10→SQ₂₋₂→13→SQ₃₋₂→14→SQ₄₋₂→15→SA₂₋₃→16→SQ₅₋₁→17→KM₄ 常闭触点→18→KM₃ 线圈)，3 个位于 5 区的 KM₃ 主触点闭合，M₂ 正转，拖动工作台向右运动；同时，位于 18 区的 KM₃ 常闭触点断开(互锁)。

向左运动。将纵向手柄扳到"左"，传动机构将电动机传动链和左右移动丝杠相连，同时压下行程开关 SQ₆，SQ₆₋₁闭合，接触器 KM₄ 线圈通电(通电路径：9→KM₁ 常开触点→10→SQ₂₋₂→13→SQ₃₋₂→14→SQ₄₋₂→15→SA₂₋₃→16→SQ₆₋₁→21→KM₃ 常闭触点→22→KM₄ 线圈)，3 个位于 4 区的 KM₄ 主触点闭合，M₂ 反转，拖动工作台向左运动；同时，位于 17 区的 KM₄ 常闭触点断开(互锁)。

停止。将纵向手柄扳向中间位置，传动链脱开，行程开关 SQ₅(或 SQ₆)复位，接触器 KM₃(或 KM₄)断电，进给电动机 M₂ 停转，工作台停止运动。

限位保护。工作台的左右两端安装有限位撞块，当工作台运行到达极限位置时，撞块撞击手柄，使其回到中间位置，实现工作台的终点停车。

❖进给变速冲动。为使变速时齿轮易于啮合，进给变速也有瞬时冲动环节。

变速时，先将变速手柄外拉，选择相应转速，再把手柄用力向外拉至极限位置并立即推回原位。在手柄拉到极限位置的瞬间，行程开关 SQ₂ 被短时碰压(SQ₂₋₂先断开，SQ₂₋₁后接通)，其触点短时动作随即复位，接触器 KM₃ 瞬时通电(通电路径：10→SA₂₋₁→19→SQ₅₋₂→20→SQ₆₋₂→15→SQ₄₋₂→14→SQ₃₋₂→13→SQ₂₋₁→17→KM₄ 常闭触点→18→KM₃ 线圈)，进给电动机 M₂ 瞬时正转随即断电。

可见，只有当圆工作台停用，且纵向、垂直、横向进给都停止时，才能实现进给变速时的瞬时点动，防止了变速时工作台沿进给方向运动的可能。

❖工作台快速移动。为提高生产效率，当工作台按照选定的速度和方向进给时，按下两地控制点动快速进给按钮 SB₃ 或 SB₄，接触器 KM₂ 得电吸合，位于 9 区的 KM₂ 常闭触点断开，使电磁离合器 YC₂ 断电(断开工作台的进给传动链)；位于 10 区的 KM₂ 常开触点闭合，使电磁离合器 YC₃ 通电(连接工作台快速移动传动链)，工作台按原方向快速进给；位于 16 区的 KM₂ 常开触点闭合，在主轴电动机不启动的情况下，也可实现快速进给调整工作。

松开 SB_3 或 SB_4，KM_2 断电释放，快速移动停止，工作台按原方向继续原速运动。

❖ 圆工作台的控制。当需要加工凸轮和弧形槽时，可在工作台上加装圆工作台。使用时，先将圆工作台控制开关 SA_2 扳到"接通"位置，将纵向手柄和十字形手柄都置于中间位置，按下主轴启动按钮 SB_1 或 SB_2，接触器 KM_1 得电吸合，主轴电动机 M_1 启动，此时接触器 KM_3 线圈通电（通电路径：$10 \rightarrow SQ_{2-2} \rightarrow 13 \rightarrow SQ_{3-2} \rightarrow 14 \rightarrow SQ_{4-2} \rightarrow 15 \rightarrow SQ_{6-2} \rightarrow 20 \rightarrow SQ_{5-2} \rightarrow 19 \rightarrow SA_{2-2} \rightarrow 17 \rightarrow KM_4$ 常闭触点 $\rightarrow 18 \rightarrow KM_3$ 线圈），进给电动机 M_2 正转，带动圆工作台单方向回转，其旋转速度可通过蘑菇形变速手柄进行调节。

（3）辅助电路

为保证安全、节约电能，控制变压器 TC 的次级输出 ~24 V 电压，作为机床照明灯电源。用开关 SA_4 控制，熔断器 FU_5 作为短路保护。

（4）保护环节

铣床的运动较多，控制电路较复杂，为保证其安全可靠地工作，除了具有短路、过载、欠压、失压保护外，还必须具有必要的联锁。

①主运动和进给运动的顺序联锁。进给运动的控制电路接在接触器 KM_1 自锁触点之后，以确保铣刀旋转之后进给运动才能进行、铣刀停止旋转之后进给运动同时停止，避免工件或刀具的损坏。

②工作台左、右、上、下、前、后六个运动方向间的联锁。

机械联锁。工作台的纵向运动由纵向手柄控制，横向和垂直运动由十字手柄控制。手柄本身就是一种联锁装置，在任意时刻只能有一个位置。

电气联锁。行程开关的常闭触点 SQ_{3-2}，SQ_{4-2} 和 SQ_{5-2}，SQ_{6-2} 分别串联后再并联给 KM_3 及 KM_4 线圈供电。同时扳动两个手柄离开中间位置会使接触器线圈 KM_3 或 KM_4 断电，工作台停止运动，从而实现工作台的纵向与横向、垂直运动间的联锁。

③圆工作台和工作台间的联锁。

圆工作台工作时，转换开关 SA_2 在接通位置，SA_{2-1} 和 SA_{2-3} 切断了工作台的进给控制回路，工作台不能做任何方向的进给运动；同时，圆工作台的控制电路中串联了 SQ_{3-2}，SQ_{4-2} 和 SQ_{5-2}，SQ_{6-2} 常闭触点，扳动任意一个方向的工作台进给手柄都将使圆工作台停止转动，从而实现了圆工作台和工作台间的联锁控制。

表 3-9　X62W 型铣床各转换开关位置与触点通断情况

主轴换向开关				工作台纵向进给开关			
触点	位置			触点	位置		
	正转	停止	反转		左	停	右
SA_{3-1}	−	−	+	SQ_{5-1}	−	−	+
SA_{3-2}	+	−	−	SQ_{5-2}	+	+	−

表 3-9(续)

主轴换向开关 触点	位置			工作台纵向进给开关 触点	位置		
	正转	停止	反转		左	停	右
SA$_{3-3}$	+	-	-	SQ$_{6-1}$	+	-	-
SA$_{3-4}$	-	-	+	SQ$_{6-2}$	-	+	+

圆工作台控制开关 触点	位置		工作台垂直与横向进给开关 触点	位置		
	接通	断开		前、下	停	后、上
SA$_{2-1}$	-	+	SQ$_{3-1}$	+	-	-
SA$_{2-2}$	+	-	SQ$_{3-2}$	-	+	+
SA$_{2-3}$	-	+	SQ$_{4-1}$	-	+	+
			SQ$_{4-2}$	+		-

主轴换刀制动开关 触点	位置	
	接通	断开
SA$_{1-1}$	+	-
SA$_{1-2}$	-	

注：" + "表示触点接通，" - "表示触点断开

【技术手册】

X62W 型铣床电气电路典型故障的分析与检修

1.主轴电动机电路故障

（1）主轴电动机 M$_1$ 不能启动

故障描述。现有一台 X62W 型铣床，在准备工作时，发现主轴电动机 M$_1$ 不能启动，检查发现进给电动机、冷却泵电动机也不能启动，仅照明灯正常。

故障分析。主轴电动机 M$_1$ 不能启动的原因较多，应首先确定故障发生在主电路还是控制电路。

故障检修。断开电动机进线端子，合上电源开关 QS$_1$，将换向开关 SA$_3$ 扳到正转（或反转）位置，按下启动按钮 SB$_1$（或 SB$_2$）。

①若接触器 KM$_1$ 吸合，则应依次检查进线电源 L$_1$-L$_2$-L$_3$，U$_{11}$-V$_{11}$-W$_{11}$，U$_{12}$-V$_{12}$-W$_{12}$，U$_{13}$-V$_{13}$-W$_{13}$，U$_{14}$-V$_{14}$-W$_{14}$，1U-1V-1W 之间的电压：

❖若指示值均为 380 V，则故障在电动机，应检修或更换；

❖若指示值不是 380 V，则故障在其上级元件，应紧固连接导线端子、检修或更换元件。

②若接触器 KM_1 不吸合，则应依次检查：控制回路电源电压应为 110 V、熔断器 FU_6 应完好、停止按钮 SB_{6-1} 及 SB_{5-1} 应闭合、主轴变速冲动开关 SQ_{1-2} 应闭合、启动按钮 SB_1（或 SB_2）应闭合、接触器 KM_1 线圈应完好、热继电器 FR_1 及 FR_2 常闭触点应闭合、换刀制动开关 SA_{1-2} 应闭合、所有连接导线端子应紧固，否则应维修或更换同型号元件、紧固连接导线端子。

（2）主轴停车没有制动

故障描述。现有一台 X62W 型铣床，加工过程中按下 SB_5 或 SB_6，发现主轴没有停车制动。

故障分析。该故障只与电磁离合器 YC_1 及相关电气电路有关。

故障检修。断开 SA_3，按下 SB_5 或 SB_6，仔细听有无电磁离合器 YC_1 动作的声音。

①如果有，那么故障为 YC_1 动片和静片磨损严重，应更换。

②如果没有，那么应依次检查：T_2 一次侧电压应为 ~380 V、T_2 二次侧电压应为 ~36 V、FU_3 及 FU_4 应完好、整流桥输出电压应为 -32 V、SB_{5-2} 及 SB_{6-2} 应闭合、YC_1 线圈应完好、所有连接导线端子应紧固，否则应维修或更换同型号元件、紧固连接导线端子。

（3）主轴变速时无"冲动"控制

故障描述。现有一台 X62W 型铣床，加工过程中改变主轴转速时，发现没有"冲动"控制。

故障分析。该故障通常是由于 SQ_1 经常受到冲击而损坏或位置变化引起的。

故障检修。①检查 SQ_1 是否完好，若损坏应进行维修或更换；②检查 SQ_1 的位置是否变化，若移位应调整。

2.冷却泵电动机电路故障

故障描述。现有一台 X62W 型铣床，在铣削加工时，发现冷却泵电动机不能工作，但主轴电动机、进给电动机、照明灯工作正常。

故障分析。由于主轴电动机、进给电动机、照明灯工作正常，故只需检查 M_3 的主电路即可。

故障检修。断开电动机进线端子，合上冷却泵开关 QS_2，依次检查 U_{15}-V_{15}-W_{15}，2U-2V-2W 之间的电压。若指示值均为 380 V，则故障在电动机，应检修或更换；若指示值不是 380 V，则故障在其上级元件，应紧固连接导线端子、检修或更换元件。

3.进给电动机电路故障

（1）主轴启动后进给电动机自行转动

故障描述。现有一台 X62W 型铣床，发现主轴启动后进给电动机自行转动，但扳动任意一个进给手柄工作台都不能进给。

故障分析。当圆工作台控制开关 SA_2 处于"接通"位置、纵向手柄和十字手柄在中间位置时，启动主轴，进给电动机便旋转，扳动任意一个进给手柄都会使进给电动机停转。

故障检修。将圆工作台控制开关 SA_2 置于"断开"位置即可。

（2）主轴启动后工作台各个方向都不能进给

故障描述。现有一台 X62W 型铣床，发现主轴工作正常，但工作台各个方向都不能进给。

故障分析。由于主轴工作正常，而工作台各个方向都不能进给，故该故障只与进给电动机及相关电气电路有关。

故障检修。将 SA_3 置于"停止"位置，断开进给电动机进线端子，启动主轴，将进给手柄置于六个运动方向中任意一个位置。

①若接触器 KM_3（KM_4）吸合，则应依次检查 U_{16}-V_{16}-W_{16}，3U-3V-3W 之间的电压：

❖若指示值均为 380 V，则故障在电动机，应检修或更换；

❖若指示值不是 380 V，则故障在其上级元件，应紧固连接导线端子、检修或更换元件。

②若接触器 KM_3（KM_4）不吸合，则应依次检查：KM_1（9-10）应闭合、SA_2 应在"断开"位置、FR_3 常闭触点应闭合、所有连接导线端子应紧固等，否则应维修或更换同型号元件、紧固连接导线端子。

（3）工作台能向前、后、上、下、左进给，但不能向右进给

故障描述。现有一台 X62W 型铣床，铣削加工时发现工作台能向前、后、上、下、左进给，但不能向右进给。

故障分析。该故障通常是由于 SQ_5 经常受到冲击而使位置变化或自身损坏引起的。

故障检修。检查 SQ_5 的位置应无变化、SQ_{5-1} 应闭合、所有连接导线端子应紧固，否则应维修或更换同型号元件、紧固连接导线端子。

（4）工作台能向前、后、上、下进给，但不能向左、右进给

故障描述。现有一台 X62W 型铣床，铣削加工时发现工作台能向前、后、上、下进给，但不能向左、右进给。

故障分析。该故障多出现在左、右进给的公共通道（10→SQ_{2-2}→13→SQ_{3-2}→14→SQ_{4-2}→15）上。

故障检修。依次检查 SQ_2，SQ_3，SQ_4 的位置应无变化，SQ_{2-2}，SQ_{3-2}，SQ_{4-2} 应闭合，所

有连接导线端子应紧固，否则应维修或更换同型号元件、紧固连接导线端子。

【实施与评价】

1.工具、仪表、器材

工具：同任务一的"实施与评价"。

仪表：同任务一的"实施与评价"。

器材：X62W 型铣床或 X62W 型铣床模拟电气控制柜。

2.实施步骤

①说明该机床的主要结构、运动形式及控制要求。

②说明该机床工作原理。

③说明该机床电气元器件的分布位置和走线情况。

④人为设置多个故障，学生根据故障现象，在规定的时间内按照正确的检测步骤诊断、排除其中两个故障。

【学习评价】

填写《机床排故评价表》(见表 3-7)，操作时间：100 分钟。

【问题思考】

①为什么工作台进给运动没有采取制动措施？

②X62W 型铣床工作台能纵向(左、右)进给，但不能横向(前、后)和垂直(上、下)进给，试分析故障原因。

③X62W 型铣床电路中有哪些联锁与保护？为什么要设置这些联锁与保护？它们是如何实现的？

任务三　Z3040 型摇臂钻床电气电路的故障诊断与检修

【必备知识】

1.Z3040 型摇臂钻床的主要结构、运动形式及控制要求

钻床是一种用途广泛的万能机床。钻床的结构形式很多，有立式钻床、卧式钻床、深孔钻床及台式钻床等。摇臂钻床是一种立式钻床，在钻床中具有一定代表性，主要用于对大型零件进行钻孔、扩孔、铰孔和攻螺纹等。其型号"Z3040"的含义如下：Z——钻床；3——摇臂式；0——圆柱形立柱；40——最大钻孔直径 40 mm。

（1）主要结构

Z3040 型摇臂钻床结构示意图如图 3-11 所示。

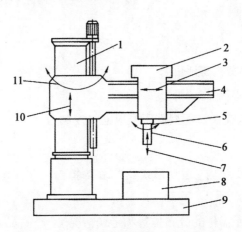

图 3-11 Z3040 型摇臂钻床结构示意图

1—内、外立柱；2—主轴箱；3—主轴箱沿摇臂水平运动；4—摇臂；5—主轴；6—主轴旋转运动；
7—主轴垂直进给；8—工作台；9—底座；10—摇臂升降运动；11—摇臂回转运动

（2）运动形式

①主运动。主轴旋转。

②进给运动。主轴垂直运动。

③辅助运动。内立柱固定在底座上，外立柱套在内立柱外面，外立柱可绕内立柱手动回转一周；摇臂的一端与外立柱滑动配合，借助于丝杆，摇臂可沿外立柱上下移动，但两者不能相对转动，因此，摇臂只与外立柱一起绕内立柱回转；主轴箱安装在摇臂水平导轨上，可手动使其在水平导轨上移动；加工时，由特殊的夹紧装置将主轴箱紧固在摇臂导轨上、外立柱紧固在内立柱上、摇臂紧固在外立柱上。

可见，Z3040 型摇臂钻床的辅助运动有摇臂沿外立柱的垂直运动、主轴箱沿摇臂的水平运动、摇臂与外立柱一起相对内立柱的回转运动。

（3）控制要求

①主轴的旋转运动及垂直进给运动都由主轴电动机 M_1 驱动；钻削加工时，钻头一面旋转，一面纵向进给，其旋转速度和旋转方向由机械传动部分实现，因此 M_1 只要求单方向旋转，不需调速和制动。

②摇臂的上升、下降由摇臂升降电动机 M_2 拖动，应能实现正、反转，并具有限位保护。

③摇臂的夹紧放松、主轴箱的夹紧放松、立柱的夹紧放松由液压泵电动机 M_3 配合液压装置自动进行，要求 M_3 应能实现正、反转。

④冷却泵电动机 M_4 用于提供冷却液，只要求单方向旋转。

⑤四台电动机的容量均较小，故应采用直接启动方式。

⑥具有必要的过载、短路、欠电压、失电压保护。

⑦具有必要的指示和安全的局部照明。

2.Z3040 型摇臂钻床电气原理图分析

Z3040 型摇臂钻床电气设备清单如表 3-10 所列。

表 3-10　Z3040 型摇臂钻床电气设备清单

符号	名称	型号	规格	作用
M_1	主轴电动机	Y112M-4	4 kW，1400 r/min	驱动主轴及进给
M_2	摇臂升降电动机	Y90L-4	1.5 kW，1400 r/min	驱动摇臂升降
M_3	液压泵电动机	Y802-4	750 W，1390 r/min	驱动液压系统
M_4	冷却泵电动机	AOB-25	90 W，2800 r/min	驱动冷却泵提供冷却液
QS	开关	HZ10-60/3J	60 A	电源总开关
SA_1	开关	LS2-3A	10 A	冷却泵电动机制动开关
SA_2	开关	LAY3-10X/2		控制照明灯
FU_1	熔断器	RL1-60	35 A	全电路的短路保护
FU_2	熔断器	RL1-15	10 A	M_2、M_3 短路保护
FU_3	熔断器	RL1-15	2 A	照明电路短路保护
FR_1	热继电器	JR0-20/3D	6.8～11 A	M_1 过载保护
FR_2	热继电器	JR0-20/3D	1.5～2.4 A	M_3 过载保护
TC	变压器	BK-150	AC380 V/110 V/24 V/6 V	控制电路电源
KM_1	接触器	CJ0-20B	线圈电压 AC110 V	控制主轴电动机
KM_2	接触器	CJ0-10B	线圈电压 AC110 V	控制 M_2 正转
KM_3	接触器	CJ0-10B	线圈电压 AC110 V	控制 M_2 反转
KM_4	接触器	CJ0-10B	线圈电压 AC110 V	控制 M_3 正转
KM_5	接触器	CJ0-10B	线圈电压 AC110 V	控制 M_3 反转
KT	时间继电器	JJSK2-4	线圈电压 AC110 V	获得延时
YV	电磁阀			切换油路
SB_1	按钮	LAY3-11		停止 M_1
SB_2	按钮	LAY3-11D		启动 M_1
SB_3	按钮	LAY3-11		点动摇臂上升
SB_4	按钮	LAY3-11		点动摇臂下降
SB_5	按钮	LAY3-11		主轴箱、立柱松开
SB_6	按钮	LAY3-11		主轴箱、立柱夹紧

表 3-10（续）

符号	名称	型号	规格	作用
SQ$_1$	行程开关	HZ4-22		摇臂升、降限位
SQ$_2$	行程开关	LX5-11		摇臂放松限位
SQ$_3$	行程开关	LX5-11		摇臂夹紧限位
SQ$_4$	行程开关	LX5-11		主轴箱和立柱松开、夹紧限位
EL	低压照明	K-2	AC24 V，40 W	局部照明
HL$_1$	指示灯	XD1	6 V	主轴箱和立柱松开指示
HL$_2$	指示灯	XD1	6 V	主轴箱和立柱夹紧指示
HL$_3$	指示灯	XD1	6 V	主轴工作指示

Z3040 型摇臂钻床电气原理图如图 3-12 所示。

（1）主电路

电源由总开关 QS 控制，熔断器 FU$_1$ 作为主电路短路保护。主电路共有四台电动机：M$_1$ 为主轴电动机，M$_2$ 为摇臂升降电动机，M$_3$ 为液压泵电动机，M$_4$ 为冷却泵电动机。

①主轴电动机 M$_1$。由交流接触器 KM$_1$ 控制，热继电器 FR$_1$ 作为过载保护，其正、反转则由机床液压系统操纵机构配合正、反转摩擦离合器实现。

②摇臂升降电动机 M$_2$。由接触器 KM$_2$ 和 KM$_3$ 实现正、反转控制，熔断器 FU$_2$ 作为短路保护，因其为短时工作，故不用设长期过载保护。

③液压泵电动机 M$_3$。由接触器 KM$_4$ 和 KM$_5$ 实现正、反转控制，熔断器 FU$_2$ 作为短路保护，热继电器 FR$_2$ 作为长期过载保护。

④冷却泵电动机 M$_4$。该电动机容量小（90 W），由开关 SA$_1$ 直接控制。

（2）控制电路

由控制变压器 TC 的次级输出 ~110 V 电压，作为控制电路的电源。

控制电路中共有 4 个限位开关。

SQ$_1$——摇臂上升、下降的限位开关。值得注意的是，其两组常闭触点并不同时动作：当摇臂上升至极限位置时，SQ$_{1-1}$ 断开，但 SQ$_{1-2}$ 仍保持闭合；当摇臂下降至极限位置时，SQ$_{1-2}$ 断开，但 SQ$_{1-1}$ 仍保持闭合。

SQ$_2$——摇臂松开检查开关。当摇臂完全松开时 SQ$_2$（6-13）断开、SQ$_2$（6-7）闭合。

SQ$_3$——摇臂夹紧检查开关。当摇臂完全夹紧时 SQ$_3$（1-17）断开。

SQ$_4$——立柱和主轴箱的夹紧限位开关。立柱和主轴箱夹紧时 SQ$_4$（101-102）断开、SQ$_4$（101-103）闭合。

①主轴电动机 M$_1$ 的控制。

❖主轴电动机 M$_1$ 的启动。按下启动按钮 SB$_2$，接触器 KM$_1$ 线圈通电，3 个位于 2 区

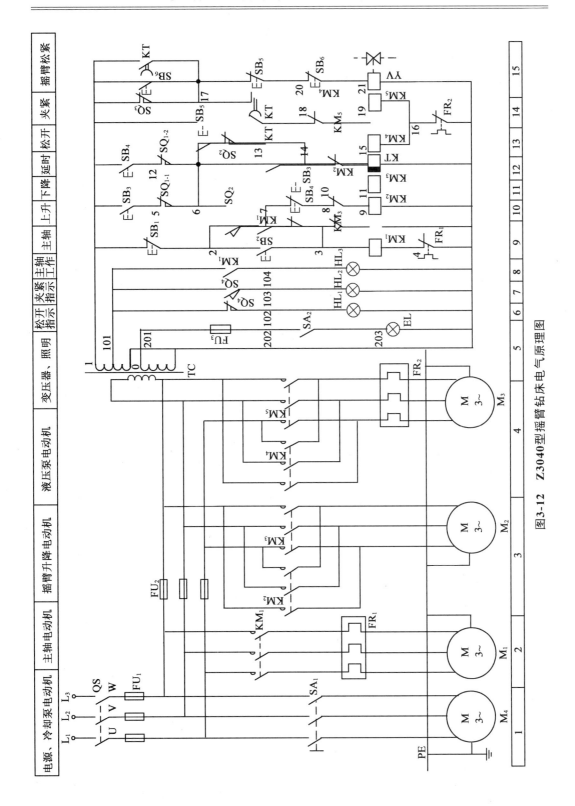

图3-12 Z3040型摇臂钻床电气原理图

的 KM$_1$ 主触点闭合，M$_1$ 启动运转；同时，位于 9 区的 KM$_1$ 常开触点闭合(自锁)、位于 8 区的 KM$_1$ 常开触点闭合，主轴工作指示灯 HL$_3$ 亮。

❖主轴电动机 M$_1$ 的停止。按下停止按钮 SB$_1$，接触器 KM$_1$ 线圈断电，KM$_1$ 所有触点复位，主轴电动机 M$_1$ 停止且其工作指示灯 HL$_3$ 灭。

②摇臂升降控制。

下面的分析是在摇臂并未升降至极限位置(即 SQ$_{1-1}$，SQ$_{1-2}$ 都闭合)、摇臂处于完全夹紧状态[即 SQ$_3$(1-17)断开]的前提下进行的；当进行摇臂的夹紧或松开时，要求电磁阀 YV 处于通电状态。

❖摇臂上升。摇臂的上升过程可分以下几个步骤。

第一步，松开摇臂。按下上升点动按钮 SB$_3$，时间继电器 KT 线圈通电，其触点 KT(17-18)瞬时断开；同时 KT(1-17)，KT(13-14)瞬时闭合，使电磁阀 YV、接触器 KM$_4$ 线圈同时通电。电磁阀 YV 通电使得二位六通阀中摇臂夹紧、放松油路开通；接触器 KM$_4$ 通电使液压泵电动机 M$_3$ 正转，拖动液压泵送出液压油，并经二位六通阀进入摇臂松开油腔，推动活塞和菱形块使摇臂松开，摇臂刚刚松开 SQ$_3$(1-17)就闭合。

第二步，摇臂上升。当摇臂完全松开时，活塞杆通过弹簧片压动摇臂松开位置开关 SQ$_2$，SQ$_2$(6-13)断开，KM$_4$ 断电，电动机 M$_3$ 停止旋转，液压泵停止供油，摇臂维持松开状态；同时 SQ$_2$(6-7)闭合，使 KM$_2$ 通电，摇臂升降电动机 M$_2$ 正转，带动摇臂上升。

第三步，夹紧摇臂。当摇臂上升到所需位置时，松开按钮 SB$_3$，KM$_2$ 和 KT 同时断电。KM$_2$ 断电使摇臂升降电动机 M$_2$ 停止正转，摇臂停止上升。KT 断电，其触点 KT(13-14)瞬时断开；KT(1-17)经 1~3 s 延时断开，但此时 YV 通过 SQ$_3$ 仍然得电；KT(17-18)经 1~3 s 延时闭合使 KM$_5$ 通电，液压泵电动机 M$_3$ 反转，拖动液压泵送出液压油，经二位六通阀进入摇臂夹紧油腔，由反方向推动活塞和菱形块将摇臂夹紧，当夹紧到位时，活塞杆通过弹簧片压下摇臂夹紧位置开关 SQ$_3$，触点 SQ$_3$(1-17)断开，使电磁阀 YV、接触器 KM$_5$ 断电，液压泵电动机 M$_3$ 停止运转，摇臂夹紧完成。

当摇臂上升到极限位置时，SQ$_{1-1}$ 断开，相当于"松开按钮 SB$_3$"，其动作过程与第三步动作过程相同。

时间继电器 KT 是为保证夹紧动作在摇臂升降电动机停止运转后进行而设的，KT 延时长短根据摇臂升降电动机切断电源到停止的惯性大小来调整。

❖摇臂下降。此过程与摇臂上升过程相反，请读者自行分析。

③主轴箱和立柱的夹紧与放松控制。

主轴箱与摇臂、外立柱与内立柱的夹紧与放松均采用液压夹紧与松开，且两者同时动作。当进行主轴箱和立柱的夹紧或松开时，要求电磁阀 YV 处于断电状态。

❖主轴箱和立柱松开控制。电磁阀 YV 断电使得二位六通阀中主轴箱和立柱夹紧、放松油路开通。此时按下松开按钮 SB_5，KM_4 通电，M_3 电动机正转，拖动液压泵送出液压油，经二位六通阀进入主轴箱和立柱的松开油腔，推动活塞和菱形块，使主轴箱和立柱的夹紧装置松开。当主轴箱和立柱松开时，SQ_4 不再受压，$SQ_4(101-102)$ 闭合，指示灯 HL_1 亮，表示主轴箱和立柱确已松开，此时可手动移动主轴箱或转动立柱。

❖主轴箱和立柱夹紧控制。此过程与主轴箱和立柱松开控制过程相反，请读者自行分析。

当主轴箱和立柱被夹紧时，$SQ_4(101-103)$ 闭合，指示灯 HL_2 亮，表示主轴箱和立柱确已夹紧，此时可以进行钻削加工。

④冷却泵电动机的控制。

扳动开关 SA_1 可直接控制冷却泵电动机 M_4 的启动与停止。

（3）辅助电路

①指示电路。主轴箱和立柱松开，指示灯 HL_1 由 $SQ_4(101-102)$ 控制；主轴箱和立柱夹紧，指示灯 HL_2 由 $SQ_4(101-103)$ 控制；主轴工作指示灯 HL_3 由 $KM_1(101-104)$ 控制。

②照明电路。将开关 SA_2 旋至"接通"位置，照明灯 EL 亮；将转换开关 SA_2 旋至"断开"位置，照明灯 EL 灭。

（4）保护环节

①短路保护。由 FU_1，FU_2，FU_3 分别实现对全电路、$M_2/M_3/TC$ 一次侧、照明回路的短路保护。

②过载保护。由 FR_1，FR_2 分别实现对主轴电动机 M_1、液压泵电动机 M_3 的过载保护。

③欠、失压保护。由接触器 KM_1，KM_2，KM_3，KM_4，KM_5 实现。

④安全保护。由行程开关 SQ_1 实现。

【技术手册】

Z3040 型摇臂钻床电气电路典型故障的分析与检修

Z3040 型摇臂钻床电气电路比较简单，其电气控制的特殊环节是摇臂的运动。摇臂在上升或下降时，摇臂的夹紧机构先自动松开，在上升或下降到预定位置后，其夹紧机构又要将摇臂自动夹紧在立柱上。这个工作过程是通过电气、机械和液压系统的紧密配合而实现的。所以，在对 Z3040 型摇臂钻床进行维修和调试时，不仅要熟悉摇臂运动的电气过程，更要注重掌握机电液配合的调整方法和步骤。

1.电源故障

故障描述。现有一台 Z3040 型摇臂钻床，合上电源开关后，操作任意一个按钮均无反应，照明灯、指示灯也不亮。

故障分析。出现这种"全无"故障首先应检查电源。

故障检修。①用万用表测量 QS 进线端任意两相间线电压是否均为 380 V，若不是，则故障为上级电源，应逐级查找上级电源的故障点，从而恢复供电；②用万用表测量 QS 出线端任意两相间线电压是否均为 380 V，若不是，则故障为 QS，应紧固接线端子或更换 QS；③用万用表测量 FU_1 出线端任意两相间线电压是否为 380 V，若不是，则故障为 FU_1，应紧固接线端子或更换 FU_1。

2.主轴电动机电路故障

故障描述。现有一台 Z3040 型摇臂钻床，合上电源开关后，按下主轴启动按钮钻头无反应。初步检查发现主轴电动机不能启动，但其他电动机可以正常运转。

故障分析。由于其他电动机可以正常运转，故只需检查主轴电动机 M_1 的主电路和控制电路。

故障检修。断开电动机进线端子，合上电源开关 QS，按下启动按钮 SB_2。

①若接触器 KM_1 吸合，则应依次检查 KM_1 主触点出线端、FR_1 热元件出线端任意两相间线电压：

❖若指示值均为 380 V，则故障在电动机，应检修或更换；

❖若指示值不是 380 V，则故障在其上级元件，应紧固连接导线端子、检修或更换元件。

②若接触器 KM_1 不吸合，则应依次检查：停止按钮 SB_1 应闭合、启动按钮 SB_2 应闭合、接触器 KM_1 线圈应完好，热继电器 FR_1 常闭触点应闭合、所有连接导线端子应紧固，否则应维修或更换同型号元件、紧固连接导线端子。

3.摇臂升降电动机电路故障

（1）摇臂松开控制回路故障

故障描述。在 Z3040 型摇臂钻床进行钻孔加工的过程中，为调整钻头高度，按下摇臂升降按钮 SB_3 或 SB_4，发现摇臂没有反应，进一步检查发现摇臂不能放松。

故障分析。摇臂的放松是由电磁阀 YV 在通电状态下配合液压泵电动机 M_3 正转完成的，因此应检查电磁阀 YV 和液压泵电动机 M_3 正转的主电路和控制电路。

故障检修。按下摇臂升降按钮 SB_3 或 SB_4。

①检查时间继电器 KT 是否动作：

❖若时间继电器 KT 不动作，应依次检查 $SB_3(1-5)$ 或 $SB_4(1-12)$ 应闭合、SQ_{1-1} 或 SQ_{1-2} 应闭合、KT 线圈应完好、所有连接导线端子应紧固等，否则应维修或更换同型号元件、紧固连接导线端子；

❖若时间继电器 KT 动作，则进入下一步。

②检查接触器 KM_4、电磁阀 YV 是否也立即动作：

❖若 KM_4 不动作，应依次检查 $SQ_2(6-13)$ 应闭合、KT(13-14) 应闭合、$KM_5(14-15)$ 应闭合、KM_4 线圈应完好、$FR_2(16-0)$ 应闭合；若 YV 不动作，应依次检查 KT(1-17) 应闭合、$SB_5(17-20)$ 及 $SB_6(20-21)$ 应闭合、YV 应完好，否则应维修或更换同型号元件、紧固连接导线端子。

❖若 KM_4，YV 也立即动作，则应依次检查、维修 KM_4 主触点、FR_2 热元件、M_3。

（2）摇臂夹紧控制回路故障

故障描述。在 Z3040 型摇臂钻床进行钻孔加工的过程中，启动主轴电动机后，按下摇臂升降按钮欲调整钻头高度，液压机构进行放松后，摇臂按要求进行升降，但升降到位后松开按钮，液压机构不能夹紧。

故障分析。由于摇臂能放松却不能夹紧，因此应检查液压泵电动机 M_3 反转的主电路和控制电路。

故障检修。松开摇臂升降按钮 SB_3 或 SB_4，检查接触器 KM_5 是否动作。

①若 KM_5 不动作，应依次检查 SQ_3 应闭合、KT(17-18) 应闭合、$KM_4(18-19)$ 应闭合、KM_5 线圈应完好、$FR_2(16-0)$ 应闭合，否则应维修或更换同型号元件、紧固连接导线端子。

②若 KM_5 动作，则应依次检查、维修 KM_5 主触点、FR_2 热元件、M_3。

（3）摇臂升降控制回路故障

故障描述。在 Z3040 型摇臂钻床进行钻孔加工的过程中，启动主轴电动机后，按下摇臂上升按钮欲调整钻头高度，液压机构进行放松后，摇臂没有反应。

故障分析。因摇臂能放松却不能上升，故应检查摇臂升降电动机 M_2 正转的主电路和控制电路。

故障检修。检查接触器 KM_2 是否动作。

①若接触器 KM_2 动作，则应依次检查、维修 KM_2 主触点、M_2。

②若接触器 KM_2 不动作，则应依次检查 $SQ_2(6-7)$ 应闭合、$SB_4(7-8)$ 及 $KM_3(8-9)$ 应闭合、KM_2 线圈应完好，否则应维修或更换同型号元件、紧固连接导线端子。

4.主轴箱和立柱放松、夹紧电路故障

故障描述。在 Z3040 型摇臂钻床进行钻孔加工的过程中，发现钻出的孔径偏大且中心偏斜。对主轴箱和立柱进行夹紧操作，发现控制无效。

故障分析。主轴箱和立柱的夹紧是由电磁阀 YV 在断电状态下配合液压泵电动机 M_3 反转完成的，因此应检查电磁阀 YV 和液压泵电动机 M_3 反转的主电路和控制电路。

故障检修。按下主轴箱和立柱夹紧按钮 SB_6，检查接触器 KM_5 是否动作。

①若接触器 KM_5 不动作，应依次检查 $SB_6(1-17)$ 应闭合、KT(17-18) 及 KM_4(18-

19)应闭合、KM_5 线圈应完好、FR_2(16-0)应闭合、所有连接导线端子应紧固等,否则应维修或更换同型号元件、紧固连接导线端子。

②若接触器 KM_5 动作,则应依次检查、维修 KM_5 主触点、FR_2 热元件、M_3、YV。

5.冷却泵电动机电路故障

故障描述。在 Z3040 型摇臂钻床进行钻孔加工的过程中,发现冷却泵电动机不能工作。

故障分析。该故障相对简单,只需检查 M_4 的主电路即可。

故障检修。断开电动机进线端子,合上冷却泵开关 SA_1,检查 SA_1 出线端三相之间的线电压。

若指示值均为 380 V,则故障在电动机,应检修或更换;若指示值不是 380 V,则故障在 SA_1,应紧固连接导线端子、检修或更换 SA_1。

【实施与评价】

1.工具、仪表、器材

工具:同任务一的"实施与评价"。

仪表:同任务一的"实施与评价"。

器材:Z3040 型摇臂钻床或 Z3040 型摇臂钻床模拟电气控制柜。

2.实施步骤

①说明该机床的主要结构、运动形式及控制要求。

②说明该机床工作原理。

③说明该机床电气元器件的分布位置和走线情况。

④人为设置多个故障,学生根据故障现象,在规定的时间内按照正确的检测步骤诊断、排除其中两个故障。

【学习评价】

填写《机床排故评价表》(见表3-7),操作时间:100分钟。

【问题思考】

①Z3040 型摇臂钻床 4 个限位开关分别何时动作、何时复位?

②Z3040 型摇臂钻床若在摇臂未完全夹紧时断电,则恢复供电时会出现什么现象?

③Z3040 型摇臂钻床为何设置时间继电器?

【实战演练】

1.判断题

①一般机床照明电源常用电压为 AC220 V。　　　　　　　　　　　　　（　　）

②CA6140 型车床电气控制电路中，刀架快速移动电动机未设过载保护是由于该电动机容量太小。　　　　　　　　　　　　　　　　　　　　　　（　　）

③CA6140 型普通车床控制电路中的冷却泵电动机、刀架快速移动电动机单独设置短路保护是由于这两台电动机容量太小。　　　　　　　　　　　　（　　）

④CA6140 型普通车床控制电路中的冷却泵电动机、刀架快速移动电动机单独设置短路保护是由于这两台电动机容易出现短路故障。　　　　　　　　（　　）

⑤X62W 型卧式万能铣床控制电路中快速移动电磁铁的作用是使工作台按照原方向快速移动。　　　　　　　　　　　　　　　　　　　　　　　（　　）

⑥在同一时刻，X62W 型卧式万能铣床工作台的左、右、上、下、前、后、旋转这 7 个运动只能存在一个。　　　　　　　　　　　　　　　　　　　（　　）

⑦X62W 型卧式万能铣床的工作台可同时向左、向上运动。　　　　（　　）

⑧X62W 型卧式万能铣床工作台左、右、上、下、前、后 6 个方向运动采用的是机械互锁，没有电气互锁。　　　　　　　　　　　　　　　　　　（　　）

⑨X62W 型卧式万能铣床工作台左、右、上、下、前、后 6 个方向运动采用的是机械互锁和电气互锁。　　　　　　　　　　　　　　　　　　　　（　　）

⑩Z3040 型摇臂钻床中，摇臂的放松与夹紧程度是操作者凭经验判断的。（　　）

⑪Z3040 型摇臂钻床中，摇臂的放松与夹紧程度是由行程开关控制的。（　　）

⑫Z3040 型摇臂钻床立柱和主轴箱的松开与夹紧只能同时进行。　　（　　）

⑬Z3040 型摇臂钻床立柱和主轴箱的松开与夹紧可分别进行。　　　（　　）

2.选择题

①用来加工外圆、内圆、端面、螺纹和定型面，也可以用钻头、铰刀等刀具进行钻孔、镗孔、倒角、割槽及切断等加工工作的机床是（　　　　）。

　　A.车床　　　　　　　B.磨床　　　　　　　C.铣床　　　　　　　D.钻床

②机床照明回路的电压最可能是（　　　　）。

　　A.AC380 V　　　　　B.AC220 V　　　　　C.AC110 V　　　　　D.AC24 V

③CA6140 型普通车床控制电路中主轴电动机和冷却泵电动机之间的控制关系是（　　　　）。

　　A.逆序启动　　　　　B.逆序停止　　　　　C.两地控制　　　　　D.顺序启动

④CA6140 型普通车床控制电路中，刀架快速移动电动机的控制方式是（　　　　）。

A.点动   B.长动   C.两地控制   D.顺序控制

⑤CA6140 型普通车床控制电路中，若主轴电动机型号为 Y132M-4-B3，额定功率 7.5 kW，额定转速 1450 r/min，则该电动机的磁极数是( )。

A.2   B.4   C.6   D.8

⑥用来加工表面、斜面和沟槽等，装上分度头后可以加工直齿齿轮和螺旋面，装上圆工作台还可以加工凸轮和弧形槽的机床是( )。

A.车床   B.磨床   C.铣床   D.钻床

⑦X62W 型卧式万能铣床工作台的运动方向共有( )。

A.2 个   B.3 个   C.4 个   D.6 个

⑧X62W 型卧式万能铣床控制电路中快速移动电磁铁的控制方式是( )。

A.点动   B.长动   C.两地控制   D.点动和两地控制

⑨X62W 型卧式万能铣床控制电路中，当工作台正在向左运动时，扳动十字手柄向上，则工作台( )。

A.继续向左运动   B.向上运动

C.同时向左和向上运动   D.停止

⑩X62W 型卧式万能铣床控制电路中，主轴电动机和进给电动机之间的控制关系是( )。

A.逆序启动   B.逆序停止   C.两地控制   D.顺序启动

⑪X62W 型卧式万能铣床控制电路中，当圆工作台正在旋转时，扳动纵向手柄向左，则工作台( )。

A.继续旋转   B.向左运动

C.同时旋转和向左运动   D.停止

⑫X62W 型卧式万能铣床控制电路中，实现工作台纵向、横向和垂直六个运动方向间联锁的电器是( )。

A.纵向手柄   B.十字手柄

C.行程开关   D.纵向手柄、十字手柄、行程开关

⑬X62W 型卧式万能铣床控制电路中，当圆工作台选择开关处于"接通"位置时，扳动纵向手柄向右，则工作台( )。

A.旋转   B.向右运动

C.同时旋转和向右运动   D.不动

⑭主要用来钻孔、扩孔、铰孔、攻螺纹及修刮端面的加工机床是( )。

A.车床   B.铣床   C.磨床   D.钻床

⑮一般情况下，Z3040 型摇臂钻床的摇臂初始状态是( )。

A.放松状态   B.夹紧状态   C.上升状态   D.下降状态

⑯Z3040 型摇臂钻床中，拖动油泵提供压力油，经液压传动系统实现放松与夹紧的电动机是(　　)。

  A.主轴电动机   B.摇臂升降电动机

  C.液压泵电动机   D.冷却泵电动机

⑰Z3040 型摇臂钻床摇臂升降过程中，控制方式及电磁铁 YA 的状态分别为(　　)。

  A.点动、通电   B.点动、断电

  C.长动、通电   D.长动、断电

⑱Z3040 型摇臂钻床在摇臂升降过程中，使液压泵电动机停止放松动作的电器是(　　)。

  A.摇臂升降按钮   B.摇臂放松限位开关

  C.摇臂夹紧限位开关   D.时间继电器

⑲Z3040 型摇臂钻床摇臂升降过程中，使摇臂升降电动机通电旋转的电器是(　　)。

  A.摇臂升降按钮   B.摇臂放松限位开关

  C.摇臂夹紧限位开关   D.时间继电器

3.简答题

①X62W 型铣床电路中有哪些联锁与保护？它们是如何实现的？

②Z3040 型摇臂钻床若在摇臂未完全夹紧时断电，则恢复供电时会出现什么现象？

4.原理分析

①CA6140 型车床的电气原理图如图 3-2 所示，试分析主轴电动机的启动、停止过程。

②X62W 型铣床的电气原理图如图 3-10 所示。试分析工作台"向前"运动的工作过程，并说明控制接触器 KM_3 的通电路径。

③X62W 型铣床的电气原理图如图 3-10 所示。试分析圆工作台的工作过程，并说明控制接触器 KM_3 的通电路径。

④Z3040 型摇臂钻床的电气原理图如图 3-12 所示，试分析摇臂上升的工作过程，并说明时间继电器的作用。

⑤Z3040 型摇臂钻床的电气原理图如图 3-12 所示。试说明主轴箱和立柱松开的控制过程。

参考文献

[1] 周庆贵.电气控制技术[M].2 版.北京:化学工业出版社,2006.

[2] 张晓娟.工厂电气控制设备[M].2 版.北京:电子工业出版社,2012.

[3] 李崇华.电气控制技术[M].2 版.重庆:重庆大学出版社,2011.

[4] 齐占庆.机床电气控制技术[M].4 版.北京:机械工业出版社,2008.

[5] 方承远,张振国.工厂电气控制技术[M].3 版.北京:机械工业出版社,2006.

[6] 谭有广.设备电气控制及维修[M].北京:机械工业出版社,2017.

[7] 郑凤翼.低压电器及其应用[M].北京:人民邮电出版社,1999.

[8] 刘金琪.机床电气自动控制[M].修订版.哈尔滨:哈尔滨工业大学出版社,1999.

[9] 陈绍华.机械设备电器控制[M].广州:华南理工大学出版社,2000.

[10] 刘光源.机床电气设备的维修[M].2 版.北京:机械工业出版社,2007.

[11] 王炳勋.电工实习教程[M].北京:机械工业出版社,1999.

[12] 陈小华.现代控制继电器实用技术手册[M].北京:人民邮电出版社,1998.

[13] 顾维邦.金属切削机床:上册[M].北京:机械工业出版社,1984.

[14] 顾维邦.金属切削机床:下册[M].北京:机械工业出版社,1984.

[15] 李洋,武红军,李海,等.初、中级维修电工考工学习指南[M].北京:人民邮电出版社,1999.

[16] 丁明道.高低压电器选用和维修 600 问[M].北京:兵器工业出版社,1990.

[17] 焦振学.机床电气控制技术[M].北京:北京理工大学出版社,1992.

[18] 宋伯生.机床控制电器及电控制器[M].北京:中国劳动出版社,1990.